AF346655

FAUNE

DES

COLÉOPTÈRES DU BASSIN DE LA SEINE

PAR

Louis BEDEL

Membre des Sociétés entomologiques de France et d'Allemagne
et de la Société française d'Entomologie
Correspondant de l'Académie des Sciences naturelles de Philadelphie
et des Sociétés Linnéennes de Normandie et du Nord de la France

Ouvrage couronné par la Société entomologique de France
(Prix Dollfus 1882)

Tome V

1er Fascicule (pages 1 à 160)

PARIS

Société entomologique de France, 28, rue Serpente

1889-1892

Tarses des 3 paires de pattes composés de 5 articles, le pénultième (presque toujours rudimentaire) dépendant du 5ᵉ ou onychium. Pièces paires de la tête et du sternum non directement soudées sur la ligne médiane du corps. Antennes de forme variable, mais (sauf de très rares exceptions) sans massue terminale.

Insectes vivant aux dépens des végétaux.

Les *Phytophaga* forment une immense série de genres répartis en trois groupes : *Cerambycidae, Chrysomelidae* et *Mylabridae (Bruchidae).* Les deux premiers, de beaucoup les plus considérables, sont en réalité si voisins qu'on n'a pas encore réussi à définir exactement leurs caractères distinctifs. Le troisième, composé d'insectes exclusivement granivores, forme la transition entre les *Chrysomelidae* et le sous-ordre des *Rhynchophora.*

1ʳᵉ Famille. **CERAMBYCIDAE** (1).

Lacordaire, Genera des Coléoptères, VIII et IX. — Mulsant, Longicornes de France (ed. 1, 1839 ; ed. 2, 1862-63). — Ganglbauer, Bestimmungs-Tabellen, VII et VIII (2). — Gemminger et Harold, Catalogus Coleopterorum, IX et X (p. 2751-3216). — Ganglbauer, *in* Marseul, Cat. des Col. de l'Ancien-Monde, p. 465.

Métam. : Schiödte, De Metam. Eleuth., IX (Naturh. Tidsskr., X),

(1) Vulgairement appelés Capricornes ou Longicornes.

(2) La traduction du Synopsis de Ganglbauer, limitée aux Cérambycides gallo-rhénans, a été publiée dans la *Revue d'Entomologie* (1884, p. 163) ; cette traduction est suivie (loc. cit., p. 317 et 1887, p. 234) d'un Catalogue spécial qui peut donner une idée assez exacte de la répartition des espèces françaises.

p. 369, tab. 12-18. — Perris, Larves (1877), p. 416-570, tab. 11-13. — (*Bibliogr.*). Rupertsberger, Biologie der Käfer Europa's, p. 233 (1).

Antennes passant au-dessus de la tête, ordinairement longues et effilées vers le sommet, souvent filiformes, rarement en scie ou pectinées, à 1er article généralement grand et 2e court, petit, souvent noduliforme. Yeux rarement entiers, souvent très échancrés ou bilobés, parfois bipartits. Prothorax sans marge latérale (sauf chez divers *Prionini*). Élytres non striées-ponctuées. — Larves apodes ou à pattes très courtes, vivant presque toutes à l'intérieur des plantes (2) et plus spécialement dans les végétaux ligneux (3).

TRIBUS.

1. Tibias antérieurs denticulés extérieurement et terminés par un prolongement laminiforme. Antennes (courtes) à pores sensitifs concentrés, sous forme de plaques pubescentes, sur la face *inférieure* des articles 3-10............ 1. **Spondylini.**

— Tibias antérieurs sans denticules ni prolongement en dehors. Antennes sans plaques spéciales *en dessous*............. 2.

2. Côtés du prothorax pourvus d'une marge tranchante (complète ou effacée en avant). Hanches antérieures fortement transverses. Antennes non pubescentes............ II. **Prionini.**

— Côtés du prothorax sans marge tranchante. Hanches antérieures globuleuses, coniques ou subtransverses.......... 3.

3. Tête penchant en avant; face oblique, non perpendiculaire au sommet de la tête. Tibias antérieurs sans rainure dans l'épaisseur de leur bord interne......... III. **Cerambycini.**

— Tête verticale (ou ramenée en arrière dans la contraction); face perpendiculaire au sommet de la tête. Tibias antérieurs avec une rainure (plus ou moins distincte) dans l'épaisseur de leur bord interne...................... IV. **Lamiini.**

(1) Pour les Cérambycides nuisibles aux forêts, cf. Judeich et Nitsche (Lehrb. Forstinsekt., 1889, p. 557).

(2) Celles des *Dorcadion* et des *Vesperus* vivent sous terre et peuvent se déplacer.

(3) Les genres *Dorcadion, Parmena, Phytoecia, Calamobius* et *Agapanthia* sont à peu près les seuls, en Europe, qui se développent aux dépens de plantes non ligneuses.

I. Tribu. **Spondylini.**

1. Genre **Spondylis** Fabr., 1775. (Duv., Gen. Col., IV, 2, tab. 35, f. 158.)

Métam. : Perris, Ann. Soc. ent. Fr., 1856, p. 440, fig. 351-358. — (cf. Rupertsberger, Biol. Käf. Eur., p. 236).

Genre aberrant, composé de trois espèces, l'une très répandue en Europe et en Asie (*buprestoides* L.), les deux autres (*upiformis* Manh. et *mexicana* Bates) spéciales à l'Amérique du Nord. Elles sont propres aux Conifères ; la nôtre paraît acclimatée dans quelques plantations de Pins de la région parisienne.

S. buprestoides Linné, 1758. — Cylindrique, d'un noir profond, à peu près glabre en dessus. Antennes ne dépassant pas la base du prothorax. Celui-ci transversal, très arrondi sur les côtés, densément ponctué, râpeux latéralement. Surface générale un peu plus luisante, ponctuation moins serrée et nervures des élytres plus distinctes chez le ♂ que chez la ♀. — Long. 12—22 mill.

II. Tribu. **Prionini.**

Genres (1).

Prothorax à marge latérale tricuspide, horizontale et distante des hanches antérieures. Épisternes métathoraciques largement tronqués en arrière. Antennes en scie. Fémurs creusés, en dessous, sur toute leur longueur ; tibias antérieurs coupants au bord externe.............................. **2. Prionus.**

Prothorax à marge latérale défléchie, atteignant les hanches antérieures, effacée en avant. Antennes de 11 articles, le 3ᵉ (long d'un centimètre au moins) spinuleux en dedans, les derniers carénés en dehors. Fémurs et tibias simples...... **3. Aegosoma.**

---

(1) On a signalé la capture (accidentelle) à Calais du *Tragosoma depsarius* L., insecte propre aux Conifères des régions boréales et alpines (Alpes, Pyrénées). Les diverses citations de l'*Ergates faber* L. dans le bassin de Paris ne reposent sur aucune donnée sérieuse (cf. Fauvel, Rev. d'Ent., 1884, p. 363).

2. Genre **Prionus** Müller, 1764.

Synopsis : Jakowleff, Horae Soc. ent. Ross., XXI, p. 315, tab. 9. — *Métam.* : Rösel, Ins. Belust., II, cl. 2, p. 17-20, tab. II, f. 3-6. — (cf. Rupertsberger, Biol. Käf. Eur., p. 234).

Les *Prionus* sont peu nombreux et surtout orientaux (1). Le *P. coriarius*, seule espèce française, se trouve depuis la Suède jusqu'en Algérie ; il se tient au pied des vieux arbres (*Quercus, Fagus*, etc.) ; les mâles prennent ordinairement leur vol à la nuit tombante, par les soirées les plus chaudes de l'été.

P. coriarius Linné, 1758. — Oblong, glabre et peu convexe en dessus ; d'un brun noir ou châtain. Antennes en scie ; leur dernier article avec une carène transversale, au côté externe. Prothorax fortement transversal. Élytres larges, chagrinées, à nervures rudimentaires. — ♂. Antennes très robustes, de 12 articles distincts, 3-11 en cornet ; ventre pubescent, à 5ᵉ segment avec une échancrure aplatie. — ♀. Antennes moins fortes, de 11 articles ; ventre glabre. — Long. 24—40 mill.

3. Genre **Aegosoma** Serv., 1832. (Duv., Gen. Col., IV, 2, tab. 36, f. 165.)

Métam. (cf. Rupertsberger, Biol. Käf. Eur., p. 233).

Le genre *Aegosoma* est surtout asiatique et malais ; l'*A. scabricorne* Scop., qui le représente seul en Europe, est polyphage et se développe dans la plupart des vieux arbres non résineux ; il est nocturne et ne sort qu'en été.

A. scabricorne Scop., 1763. — Allongé, subdéprimé, terne et finement pubescent en dessus, d'un brun fauve. Prothorax à angles postérieurs dentiformes. Élytres à deux nervures internes bien accusées. 5ᵉ segment ventral échancré au sommet. — ♂. 11ᵉ article des antennes sans carène transversale ; prothorax à côtés curvilignes ; ventre pubescent. — ♀. 11ᵉ article des antennes divisé en deux par une carène transversale ; prothorax trapézoïdal ; ventre glabre ; oviducte saillant, très long. — Long. 32—48 mill.

(1) La plupart habitent l'Asie occidentale ; une espèce (*insularis* Mots.) existe au Japon.

III. Tribu. **Cerambycini.**

Genres.

1. Élytres de longueur normale et couvrant l'abdomen (sauf parfois le pygidium)............................. 2.

— Élytres très écourtées, découvrant le tiers au moins de l'abdomen ou des ailes............................. 28.

2. Épisternes métathoraciques à pubescence et sculpture normales, sans sillon longitudinal particulier.............. 3.

— Épisternes métathoraciques nus, polis et fendus par un sillon longitudinal très profond. Tête plus large que le prothorax ; celui-ci allongé, noueux latéralement, sillonné transversalement avant la base. Hanches antérieures coniques. Fémurs claviformes............................. 16. **Obrium.**

3. Hanches antérieures proéminentes, coniques. Tête rétrécie à la base, souvent resserrée en forme de cou. Fémurs non claviformes............................. 4.

— Hanches antérieures non proéminentes, arrondies ou subtransverses. Tête à peu près de même diamètre que le sommet du thorax et sans cou distinct.............. 11.

4. Prothorax muni d'une épine ou d'une dent vers le milieu des côtés. — Art. 1-3 des tarses postérieurs garnis en dessous de brosses soyeuses............................. 5.

— Prothorax sans épine ni dent latérale (1)................ 7.

5. Saillie intercoxale du prosternum assez large et sur le même niveau que les hanches antérieures. Saillie latérale du prothorax spiniforme. Élytres à nervures longitudinales distinctes. 5e article des antennes plus long que le 4e et que le 6e............................. 4. **Rhagium.**

— Saillie du prosternum resserrée et renfoncée entre les hanches antérieures. Saillie latérale du prothorax dentiforme. Élytres sans nervures............................. 6.

6. Antennes à 1ers art. noueux, 3e et 4e d'égale longueur. Yeux bilobés. Écusson semi-circulaire.......... 5. **Rhamnusium.**

(1) Au plus et très rarement anguleux chez quelques *Leptura* du groupe des *Strangalia.*

— Antennes filiformes, à 3e et 4e art. très inégaux. Yeux sub-
   arrondis. Écusson en triangle subcordiforme. 6. **Stenochorus.**

7. Bord interne des yeux sans échancrure. Art. 1-3 des tarses
   postérieurs garnis, en dessous, de fines brosses de pubescence pâle... 8.

— Bord interne des yeux échancré derrière l'antenne.......... 9.

8. Tête et prothorax nus ou à pubescence hérissée, laissant
   paraître le fond des téguments............... 7. **Acmaeops.**

— Tête et prothorax à pubescence couchée, serrée, masquant le
   fond des téguments....................... 8. **Cortodera.**

9. Saillie médiane du prosternum évasée (en arrière des hanches
   antérieures) en forme de plaque triangulaire............ 10.

— Saillie médiane du prosternum nulle en arrière des hanches
   antérieures. Tempes nues, très luisantes....... * **Pidonia** (1).

10. Yeux très rapprochés de la base des mandibules.........
    .... 9. **Grammoptera.**

— Yeux éloignés de la base des mandibules........ 10. **Leptura.**

11. Tibias postérieurs normaux. Métasternum sans glandes odo-
    rifères... 12.

— Tibias postérieurs très comprimés, en lame large et tranchante. Métasternum pourvu, de chaque côté, d'une
   glande odorifère dont l'orifice, situé près des angles postérieurs, est surmonté d'un imperceptible pinceau de soies
   rousses (2). Antennes à 1er article sillonné en dessus,
   saillant extérieurement au sommet; articles 4-11 carénés
   en dehors................................. 27. **Aromia.**

12. Prothorax couvert de gros plis transversaux ou enchevêtrés.
    Saillie médiane du prosternum abrupte en arrière....... 13.

— Prothorax soit uni, soit simplement bosselé ou orné de
   quelques reliefs lisses................................. 14.

13. Prothorax avec une dent ou une épine vers le milieu des

---

(1) Mulsant, 1863. — L'unique espèce française, *P. lurida* Fabr. (1792), est
propre aux contrées subalpines, et c'est probablement par suite de confusion avec
Cortodera humeralis var. *suturalis* Fabr. que Mulsant (Longic., ed. 1, p. 289)
l'a signalée des environs de Paris, où elle n'existe pas.

(2) Cf. Ganglbauer, Bestimm.-Tabell., VII, fig. 6 (*f. gl. od.*).

côtés, sans bande lisse ou dénudée le long des flancs.....
.... **30. Cerambyx.**

— Prothorax sans dent latérale, avec une bande lisse et dénudée
le long des flancs.................... *** Pachydissus** (1).

14. Base du prothorax à rebord bidenté ou bilobé verticalement
au milieu. — ♂. Base des fémurs postérieurs portant, extérieurement, une frange de soies pectinée .... *** Exilia** (2).

— Base du prothorax simple............................ **15.**

15. Cavités cotyloïdes des hanches antérieures largement fermées
en arrière (3)...................................... **16.**

— Cavités cotyloïdes des hanches antérieures au moins entr'ouvertes en arrière................................... **18.**

16. Yeux très échancrés, mais avec des facettes distinctes
même derrière l'antenne. Prothorax à 2 ou 3 bosses lisses.
Élytres déhiscentes à la suture. Pattes de proportions iné-
gales, les postérieures assez longues ; tarses hérissés de
longs poils en dessus................................ **17.**

— Yeux divisés chacun en deux lobes à peine reliés, derrière
l'antenne, par un filet sans facettes. Prothorax sans bosses
lisses. Élytres non déhiscentes. Pattes subégales entre elles,
assez courtes ; tarses sans poils dressés en dessus.. **15. Dilus.**

17. Élytres avec une côte longitudinale très nette sur leur moitié
postérieure. — ♀. Ventre normal........ **13. Stenopterus.**

— Élytres sans côte distincte. — ♀. 2ᵉ segment ventral échancré et bordé, en arrière, d'une large frange de soies
jaunes............................... **14. Callimus.**

18. Cavités cotyloïdes des hanches antérieures terminées extérieurement par une entaille anguleuse ; trochantins appa-
rents.. **19.**

(1) Newm., 1838. — Le *P. mauritanicus* Buquet, 1840 (*nerii* Er., 1841) est
cité de Hyères et de Nice. Il vit dans les menues branches de *Nerium oleander*.

(2) Muls., 1863. — L'unique espèce, *E. timida* Mén., 1832 (*bipunctata* Zoubk.),
est assez répandue dans le midi de la France, mais ne se trouve ni dans le Calvados, ni à Paris, comme on l'a prétendu.

(3) Les genres compris dans cette section, *Stenopterus, Callimus, Dilus*, etc.,
ont avec les Oedémérides une certaine analogie de couleurs, de formes et d'habitat.

— Cavités cotyloïdes des hanches antérieures fermées ou à peine entr'ouvertes au côté externe......................... **26**.

19. 1er art. des antennes n'atteignant pas, en arrière, le bord postérieur de l'œil ; 2e égal à la moitié du 1er.............. **20**.

— 1er art. des antennes dépassant, en arrière, le bord postérieur de l'œil ; 2e au moins trois fois plus court que le 1er..... **21**.

20. Yeux larges, à peine échancrés, à facettes grossières.......
.... **20. Criocephalus**.

— Yeux étroits, nettement échancrés, à facettes fines. **21. Asemum**.

21. Prothorax sans apophyse latérale. Antennes sans houppes de poils noirs.................................... **22**.

— Prothorax avec une apophyse un peu dressée, de chaque côté. Antennes à articles moyens terminés par une grosse houppe de poils noirs. Pubescence gris-bleu pâle, rehaussée en dessus de taches noires veloutées....... **26. Rosalia**.

22. Yeux à facettes grossières. Prothorax bombé. Élytres subcylindriques..................... **19. Hesperophanes**.

— Yeux à facettes fines. Prothorax et élytres déprimés. Fémurs en massue.................................... **23**.

23. Hanches antérieures contiguës. Saillie intercoxale du mésosternum souvent aiguë en arrière.......... **22. Callidium**.

— Hanches antérieures séparées. Saillie intercoxale du mésosternum tronquée largement ou bilobée en arrière....... **24**.

24. Intervalle des hanches antérieures assez étroit. 3e art. des antennes moins long que les art. 4-5 réunis........ .... **25**.

— Intervalle des hanches antérieures très large. 3e art. des antennes aussi long que les art. 4-5 réunis... **25. Hylotrypes**.

25. 3e art. des antennes un peu plus long que le 5e. Élytres unicolores............................. ..... **23. Rhopalopus**.

— 3e art. des antennes un peu moins long que le 5e. Élytres à taches ou fascies pâles................... **24. Semanotus**.

26. Yeux divisés chacun en deux lobes reliés derrière l'antenne par un simple filet. Prosternum long en avant des hanches. Élytres déprimées. Fémurs claviformes........ **18. Gracilia**.

— Yeux seulement échancrés ou entaillés. Élytres non déprimées, très souvent cylindriques.................. **27**.

27. Prothorax à côtés mutiques...................... **29. Clytus.**

— Prothorax avec une saillie épineuse vers le milieu des côtés.
Fémurs taillés obliquement, de chaque côté, contre la join-
ture du genou...................... 28. **Purpuricenus.**

28. Yeux profondément échancrés à leur bord interne. Élytres
bordées d'un bourrelet visible en dessus. Pattes postérieures bien plus longues que les autres ; fémurs presque
pétiolés.. 29.

— Yeux entiers, convexes. Élytres déprimées, sans bourrelet
marginal. Fémurs simplement claviformes. Hanches postérieures largement séparées. Long. 4—6 mill. 17. **Leptidea.**

29. Hanches antérieures coniques et saillantes. Tête étranglée
derrière les tempes. Antennes non ciliées en dessous. Long.
19—32 mill............................ 11. **Necydalis.**

— Hanches antérieures globuleuses, non saillantes. Tête sans
étranglement en arrière. Antennes ciliées de longs poils en
dessous. Long. 5—13 mill....'............ 12. **Caenoptera.**

4. Genre **Rhagium** Fabr., 1775. (Duv., Gen. Col., IV, 2,
tab. 56, f. 263.)

Syn. *Hargium* Samouelle, 1819. — *Allorrhagium* Kolbe, 1884. —
Stenocorus ± Ol.

Synopsis : Ganglbauer, Bestimm.-Tabell., VII, p. 39. — *Mœurs et
métam. :* Perris, Ann. Soc. ent. Fr., 1856, p. 469, fig. 393-396. —
Kolbe, Entom. Nachr., X, p. 237 et 269.

Les *Rhagium*, au nombre d'une demi-douzaine, sont propres à l'hémisphère boréal ; ils habitent surtout les régions boisées et se développent
sous les écorces humides, dans les troncs abattus ou dans les vieilles
souches des Conifères, des Cupulifères, etc.

ESPÈCES FRANÇAISES.

1. Tempes joufflues et plus ou moins ponctuées............. 2.

— Tempes très courtes, glabres, lisses et luisantes. Yeux sans
échancrure au bord interne (*Allorrhagium* Kolbe). Élytres à
3 nervures, dont une latérale. 11—17 mill. * inquisitor L. (1).

1) L'*inquisitor* L. (*indagator* Fabr., *lineatum* Ol.) est le seul *Rhagium* qui

2. Pattes et antennes épaisses, à fond noir et opaque (*Hargium* Sam.). Prothorax sans bande lisse sur la ligne médiane. Élytres noires, fasciées de jaune, saupoudrées de pubescence fauve. . . . . **3.**

— Pattes et antennes grêles, en majeure partie rousses (*Rhagium s. str.*). Prothorax avec une bande médiane nue, luisante. Élytres bordées de roux, souvent noires ou même d'un noir un peu bronzé sur le disque et ornées de fascies jaunes obliques (parfois longitudinalement confluentes). 14—18 mill. . . . . **3. bifasciatum** F.

3. Élytres sans tache latérale noire dénudée. Tempes pubescentes. — ♂. Tempes très renflées ; fémurs longuement poilus en dessous ; tarses antérieurs dilatés. 16—25 mill. . . . . **1. sycophanta** Schrk.

— Élytres avec une grosse tache noire dénudée, située vers le milieu des côtés, entre les deux fascies jaunes. Tempes dénudées. 11—19 mill. **2. mordax** Degeer.

5. Genre **Rhamnusium** Latr., 1829. (Duv., Gen. Col., IV, 2, tab. 56, f. 264.)

Larve : Candèze, Mém. Soc. sc. Liége, 1853, p. 589, tab. 8, f. 5. — Kolbe, Entom. Nachr., X, p. 237.

Le genre *Rhamnusium* se réduit à deux espèces, l'une, *bicolor* Schrank (*salicis* Fabr.), très répandue dans les régions tempérées de l'Europe, l'autre, *graecum* Schauf., spéciale à l'Orient.

La larve du *R. bicolor* s'attaque à divers arbres non résineux ; elle est assez nuisible dans les avenues et les parcs.

R. bicolor Schrank, 1781. — Tête, prothorax, ventre, pattes et base des antennes d'un fauve rouge ; pointe des mandibules, sommet des antennes, méso- et métasternum et partie des hanches noirs. Prothorax luisant, glabre et presque lisse sur le disque, pubescent sur les

se trouve à la fois en Europe, en Asie et dans l'Amérique du Nord (jusqu'au Mexique).

En France, il est commun dans les contrées montagneuses et dans les grandes forêts de la région landaise, mais il n'existe pas de notre côté et figure par erreur au Catalogue de la Seine-Inférieure (Mocquerys, Cat., Suppl. 2, p. 10). — Il vit exclusivement sur les Conifères.

côtés. Élytres glabres sur leurs deux tiers antérieurs, tantôt d'un bleu violet, avec la base du bord latéral et des épipleures rouge, tantôt (var. ♂ *glaucopterum* Schall.) d'un fauve rouge en entier (1). — 5e segment ventral tronqué ♂, arrondi ♀. — Long. 16—22 mill.

6. Genre **Stenochorus** Müller, 1764 (2).

Syn. [*Stenocorus* (Geoffr.) Müller]. — *Toxotus* Serv., 1825.

Genre peu nombreux et propre à l'hémisphère boréal.

S. meridianus Linné, 1758. — Allongé, atténué aux deux extrémités, très finement ponctué, à pubescence grise et très fine en dessus, plus fournie et d'un gris doré en dessous. Base des antennes, élytres, ventre et fémurs de coloration variable (fauve ou noire); trochanters fauves. Prothorax oblong. — ♂. Élytres très atténuées en arrière; ventre fauve, à 5e segment sans impression. — ♀. Élytres médiocrement atténuées en arrière; ventre noir à la base ou en entier, 5e segment avec une impression sur la ligne médiane. — Long. 15—24 mill.

7. Genre **Acmaeops** Leconte, 1850.

Syn. *Pachyta* ‖ Steph., 1831. — *Acmaeops* (s.-g. *Dinoptera*) Muls., 1863.

Métam. : Perris, Larves (1877), p. 533, fig. 550-555.

L'*Acmaeops collaris* L., seule espèce française qui s'écarte des régions subalpines, est un des Cérambycides les plus communs, au printemps, sur les buissons en fleurs.

A. collaris Linné, 1758. — Oblong, noir. Prothorax rouge (rarement rembruni), à ponctuation nette et clairsemée. Élytres d'un noir bleuâtre, luisantes, profondément ponctuées, à pubescence fine, peu serrée, noirâtre. Ventre roux. — Long. 7—9 mill.

(1) Dans une aberration signalée par L. v. Heyden sous le nom d'*ambustum*, la première moitié des élytres est d'un brun foncé à reflet violet et la deuxième moitié d'un brun jaunâtre, avec l'extrémité étroitement noire.

(2) Geoffroy a créé le nom de « *Stenocorus* » en dehors de la nomenclature binominale, mais il en indique expressément l'étymologie (Hist. abrégée des Ins,. I, p. 221).

C'est O.-F. Müller qui l'a publié le premier (Fn. Fridr., p. xvi) en 1764 et c'est Fabricius qui en a fixé l'acception en 1775.

8. Genre **Cortodera** Muls., 1863. (Duv., Gen. Col., IV, 2, tab. 58, f. 272.)

Syn. *Grammoptera* (*pars*) Serv., 1835.

Synopsis : Ganglbauer, Bestimm.-Tabell., VII, p. 30.

Le genre *Cortodera* n'est représenté aux environs de Paris que par la race à élytres fauves du *C. humeralis* Schall. (1); on la trouve, au printemps, dans les bois.

C. humeralis Schaller, 1783. — Oblong, noir; antennes et pattes rousses ou partiellement enfumées; pubescence d'un gris jaunâtre, plus fournie sur le prothorax que sur les élytres. Dernier article des palpes non dilaté. Prothorax sans raie lisse sur la ligne médiane. Élytres fortement ponctuées, de coloration variable (fauves, à liséré sutural noir : var. *suturalis* Fabr., 1787). — Long. 9—10 mill.

9. Genre **Grammoptera** Serv., 1835. (Duv., Gen., IV, tab. 58, f. 273.)

Métam. : Perris, Ann. Soc. ent. Fr., 1847, p. 551, tab. 9, II, f. 8-13; — id., Larves (1877), p. 544-546.

Petits insectes sveltes et d'allures très vives, qui se trouvent, au printemps, sur les buissons et les arbres en fleurs.

ESPÈCES FRANÇAISES.

[Long. 4 1/2—9 mill.]

1. Cou terne. Téguments des élytres noirs (*Grammoptera s. str.*).   2.

— Cou luisant. Téguments des élytres fauves, à liséré sutural et latéral noir (*Allosterna* Muls.). — ♂. Derniers articles des antennes marqués d'un petit trait au côté externe..... .... **4. tabacicolor** Deg.

2. Tibias (au moins les antérieurs et intermédiaires) roux......   3.

— Tibias tous noirs. Palpes noirs. — Pattes et ventre noirs ♂; base des fémurs et derniers segments ventraux rougeâtres ♀...................................... **3. variegata** Germ.

(1) Espèce dont le type habite plus spécialement les contrées montagneuses

3. Palpes maxillaires entièrement roux. Antennes rousses, annelées de noir à partir du 5e art. Pubescence des élytres unicolore, grise ou verdâtre. Fémurs et tibias intermédiaires
   et postérieurs, au moins en partie, noirs.. **1. ruficornis** Fabr.

— Palpes maxillaires à dernier article noir. Antennes rousses ou
   enfumées (non annelées). Pubescence des élytres noire au
   sommet, dorée sur le reste de la surface. Fémurs et tibias
   des 6 pattes entièrement roux............ **2. ustulata** Schall.

10. Genre **Leptura** Linné, 1758. (Duv., Gen. Col., IV, 2,
tab. 58, f. 280 et tab. 59, f. 278-279.)

Syn. *(ad partem) Strangalia* Serv., 1835. — *Anoplodera* Muls., 1839.
— *Stenura* Küst., 1845. — *Typocerus* Leconte, 1850. — *Judolia*
Muls., 1863. — *Vadonia* Muls., 1863. — *Corymbia* Des Gozis, 1886.

Synopsis : Ganglbauer, Bestimm.-Tabell., VII, p. 18. — *Métam.* (cf.
Rupertsberger, Biol. Käf. Eur., p. 245-246)

Insectes de forme et de coloration très diverses, nombreux et surtout
répandus dans les contrées montagneuses de l'hémisphère boréal. Après
s'être développés dans les arbres morts et les souches abandonnées, la
plupart viennent, par les journées chaudes, butiner sur les fleurs d'Ombellifères, de Ronces, etc.

Les caractères secondaires des mâles diffèrent suivant les espèces (1)
et sont parfois très remarquables; ils portent principalement sur la
structure du métasternum, des derniers segments ventraux, des tibias
postérieurs ou des antennes. En outre, chez divers *Leptura* (*rubra*,
sanguinolenta, *aurulenta*, etc.), le dichroïsme sexuel est bien accusé.

Espèces (2).

1. Prothorax formant, avec la base des élytres, un angle ren-
   trant très prononcé.. 2.

— Prothorax, très évasé à la base, appuyant ses angles postérieurs sur les épaules; angle thoraco-élytral indistinct... 17.

(1) Cf. Thomson, Skand. Col., VIII, p. 65 et suiv.

(2) Le *L. (Strangalia) pubescens* Fabr. a été cité par erreur du département de l'Aube (Rev. d'Entom., 1884, p. 320); M. d'Antessanty m'a communiqué
l'exemplaire signalé; c'est un *L. (Anoplodera) rufipes* Schall.!.

2. Sommet de chaque élytre entier ou tronqué obtusément et
    arrondi au côté externe. 7—11 mill. . . . .   3.

— Sommet de chaque élytre oblique ou échancré, anguleux ou
    saillant au côté externe (*Leptura s. str.*). . . . .   8.

3. Antennes longues et effilées, à 2ᵉ art. à peine égal au tiers
    ou au quart du 3ᵉ. . . . .   4.

— Antennes assez courtes, subépaissies vers le sommet, à
    2ᵉ art. presque égal à la moitié du 3ᵉ (*Vadonia* Muls.).
    Élytres fauves, luisantes, rebordées tout le long de la su-
    ture. — ♂. Métasternum avec une lame élevée, de chaque
    côté de la ligne médiane. . . . . **4. livida** Fabr.

4. Tempes subdentiformes, avec un bande lisse derrière chaque
    œil. Prothorax hérissé de longs poils. Épimères métatho-
    raciques cachés (*Anoplodera* Muls.). Corps long et étroit. .   5.

— Tempes arrondies, entièrement ponctuées. Prothorax à pu-
    bescence couchée ou très courte. Épimères métathora-
    ciques visibles le long des hanches postérieures (*Judolia*
    Muls.). Élytres fauves ou livides, à taches ou fascies
    noires. . . . .   6.

5. Pattes rouge-orangé ; base des fémurs, sommet des tibias et
    tarses noirs. Élytres entièrement noires. . . .   **1. rufipes** Schall.

— Pattes noires. Élytres noires, ornées presque toujours de
    3 taches fauves (2ᵉ et 3ᵉ souvent réunies en une bande
    longitudinale). . . . .   **2. sexguttata** Fabr.

6. Arrière-corps trapu, atténué en arrière. Base du prothorax
    précédée d'une impression en forme d'accolade. . . . .   7.

— Arrière-corps allongé, non atténué en arrière. Base du pro-
    thorax sans impression en accolade. . . . . . .   *** sexmaculata** L.

7. Élytres mates, garnies de poils très courts, espacés. Dernier
    article des palpes maxillaires cylindrique. . . . .
    . . . . **3. cerambyciformis** Schrk.

— Élytres un peu luisantes, à pubescence bien apparente. Der-
    nier article des palpes maxillaires sécuriforme. *** erratica** Dalm.

8. Élytres ponctuées. 3ᵉ art. des antennes entièrement noir. . . .   9.

— Élytres finement chagrinées, couvertes (comme le reste du
    corps) d'une pubescence serrée, verdâtre ou cendrée.

3e art. des antennes jaune à la base, noir au sommet; les
articles suivants colorés de même. 15—20 mill.   10. **virens** L.

9.   Pubescence du prothorax longue, dressée ou villeuse.......   10.

—   Pubescence du prothorax courte et couchée.............   15.

10. Pattes entièrement noires...........................   11.

—   Pattes en partie rougeâtres. Élytres rougeâtres, à ponctuation
forte et profonde. 12—14 mill. — ♂. Antennes brunâtres
vers l'extrémité................... 7. **erythroptera** Hag.

11. Articles des antennes tous entièrement noirs.............   12.

—   Articles 4-6 ou 4-8 des antennes annelés de roux à leur base.
8—10 mill...   14.

12. Tibias postérieurs courts, larges, comprimés, un peu arqués
(surtout chez le ♂). Élytres jaune-fauve, à sommet largement noir. 10—14 mill. — ♂. 5e segment ventral bilobé
au sommet............................. 5. **fulva** Degeer.

—   Tibias postérieurs longs, minces, non comprimés, très droits.
Tête sans profond sillon transversal à la limite du cou.
9—13 mill....................................   13.

13. Sillon transversal de la tête très superficiel, mais indiqué.
Prothorax peu allongé, retroussé au sommet, arrondi sur
les côtés, transversalement creusé à la base. — ♂. Élytres
fauves, à épipleures et sommet noirs. — ♀. Élytres d'un
rouge mat, à pubescence extrêmement fine et peu apparente.............................. * **sanguinolenta** L.

—   Sillon transversal de la tête effacé. Prothorax en cône allongé,
non relevé en avant, non creusé en arrière. — ♂. Élytres
fauves, ordinairement bordées de noir. — ♀. Élytres mates,
souvent rouges ou noires, parfois bicolores, à pubescence
assez apparente...................... 6. **dubia** Scop.

14. Élytres (relativement longues et assez finement ponctuées)
entièrement fauves. — ♂. 5e segment ventral creusé au
milieu, relevé et saillant de chaque côté, paraissant bidenté........................... * **hybrida** Rey (1).

—   Élytres (relativement courtes et assez fortement ponctuées)

(1) Cette espèce, souvent confondue avec *L. maculicornis* Deg., existe dans le
département du Nord (forêt de Mormal).

fauves, à épipleures et sommet enfumés. — ♂. 5e segment ventral à peine impressionné, tronqué au sommet...
.... * **maculicornis** Deg. (1).

15. Pattes entièrement noires. 14—19 mill...................   16.

— Pattes bicolores; tibias et tarses entièrement ou en majeure partie fauves. Prothorax déprimé (noir ♂, rougeâtre ♀). 12—18 mill......................... * **rubra** L. (2).

16. Élytres d'un rouge vif, ornées d'une tache noire commune, lancéolée, unie à la tache apicale noire; ponctuation assez homogène.—♂. Ventre en partie rougeâtre. 8. **cordigera** Füssl.

— Élytres noires, à ponctuation très grossière et très profonde en avant, bien plus fine en arrière. Écusson couvert de poils jaunâtres ou cendrés............ 9. **scutellata** Fabr.

17. 3e art. des tarses postérieurs court, profondément bilobé, revêtu en dessous d'un feutre gris ou fauve.............   18.

— 3e art. des tarses postérieurs long, simplement entaillé au sommet, très brièvement feutré à l'extrémité, en dessous. Élytres bariolées de fauve sur fond noir. — ♂. Art. 6-11 des antennes avec une plaque dépolie sur leur face externe (*Typocerus* Leconte). 11—13 mill.......... * **attenuata** L.

18. Antennes à articles unicolores, pris isolément (*Stenura* Küst.)..   19.

— Antennes à articles mi-partis jaunes et noirs. Côtés du prothorax angulés vers le milieu. Élytres jaunes, à taches ou dessins noirs variables. — ♂. Tibias postérieurs armés au côté interne de deux grosses dents écartées, avec de légers denticules dans l'intervalle; métasternum avec deux lames élevées, séparées par le sillon médian(*Strangulia* Serv.). 15—17 mill......................... 18. **maculata** Poda.

19. 1er article des tarses postérieurs garni en dessous de deux rangées de poils séparées par une raie lisse. Prothorax ordinairement rouge-fauve. Élytres tantôt rouge-fauve, tantôt noires. Pattes entièrement ou en majeure partie rouge-fauve. 9—15 mill.................. 15. **revestita** L.

(1) J'ignore si le « *maculicornis* » cité « des environs de Dijon » par Nodo (Rouget, Cat., p. 275) se rapporte bien au vrai *maculicornis*.

(2) Syn. *rubro-testacea* III. — L'espèce signalée de l'Yonne sous ce dernier nom (Rob.-Desv., Longic., p. 31) ne me paraît pas le *L. rubra*.

— 1er article des tarses postérieurs sans raie lisse en dessous.. 20.

20. Bord antérieur du prothorax sans goulot. 7—9 mill........ 21.

— Bord antérieur du prothorax en forme de goulot.......... 23.

21. Ventre noir. — Élytres fauves, souvent enfumées à la suture et au sommet, ♂, rouges à bande suturale et sommet noirs ♀..................... **11. melanura** L.

— Ventre en partie rouge..................... **22.**

22. Élytres noires. — ♂. Métasternum avec deux lames élevées, tranchantes, séparées par le sillon médian...... **13. nigra** L.

— Élytres rouges, unicolores, ♂, rouges avec une tache noire, commune, élargie en avant et reliée par la suture à la partie apicale, également noire, ♀...... **12. bifasciata** Müll.

23. Élytres unicolores, noires. Gorge ridée en travers, sans points. — ♂. Face interne des tibias postérieurs avec une arète saillante sur sa moitié inférieure. 12—15 mill...... .... **14. aethiops** Poda.

— Élytres bariolées de noir et de fauve. Gorge ponctuée. — Arrière-corps élancé ♂, assez épais ♀. 13—18 mill....... **24.**

24. Prothorax avec une bordure de poils dorés. Pattes en majeure partie rousses. Épaule et calus huméral roux. Antennes noires ♂, rousses ♀............ **16. aurulenta** Fabr.

— Prothorax sans bordure de poils dorés. Pattes noires. Antennes noires en entier ♂, avec les derniers articles plus clairs ♀..................... **17. quadrifasciata** L.

11. Genre **Necydalis** Linné, 1758. (Duv., Gen. Col., IV, 2, tab 55, f. 269.)

Syn. *Molorchus* Fabr., 1792. — *Gymnopterion* Schrank, 1798 (1).

Les *Necydalis* ont une ressemblance singulière avec de grands Ichneumonides roux ; ils vivent dans les vieux arbres non résineux et volent, à la tombée de la nuit, par les temps calmes et chauds.

Les antennes sont entièrement rousses chez les ♀, rousses et noires

(1) Les noms de *Molorchus* et de *Gymnopterion* sont exactement synonymes de *Necydalis* L. et ne sauraient, par conséquent, être détournés de leur sens primitif pour s'adapter au genre suivant.

(1889)   2

chez les ♂ ; chez ces derniers, le 5ᵉ segment de l'abdomen est creusé en dessous.

ESPÈCES FRANÇAISES.

[Long. 19—32 mill.]

Antennes assez épaisses. Prothorax garni de poils jaunes en avant (comme sur les côtés). Bourrelet apical des élytres noirâtre. Tibias postérieurs plus ou moins courbés, ordinairement enfumés au sommet. — ♂. 5ᵉ segment ventral creusé presque sur toute son étendue.......................... **1. ulmi** Chevr.

Antennes assez fines. Prothorax sans poils jaunes en avant. Bourrelet des élytres non rembruni. Tibias postérieurs droits, entièrement roux. — ♂. 5ᵉ segment ventral creusé seulement en arrière... **2. major** L.

12. Genre **Caenoptera** Thoms., 1859. (Duv., Gen. Col., IV, 2, tab. 45, f. 211 et tab. 46, f. 212.)

Syn. *Heliomanes* ‖ Newm., 1840. — *Conchopterus* Fairm., 1865. — Molorchus (s.-g. *Linomius, Sinolus*) Muls., 1863.

Synopsis : Ganglbauer, Bestimm.-Tabell., VII, p. 42. — *Métam. :* Schiödte, Nat. Tidsskr., X (Met. El., IX), p. 414, tab. 15, f. 11-12. — Perris, Larves (1877), p. 468, fig. 476.

Insectes grêles et fragiles, représentés dans cette faune par deux types assez différents ; l'un (*minor* L.) est propre aux Conifères et n'a été découvert que tout récemment dans nos environs ; l'autre (*umbellatarum* Schreber) y paraît au contraire assez répandu et se développe dans les branches mortes de diverses Rosacées (Pommiers, Ronces, etc.); tous deux, à l'état parfait, viennent souvent se poser sur les Ombellifères ou les arbustes en fleurs.

ESPÈCES.

Antennes de 12 art. ♂, de 11 art. ♀; art. 3-6 très longs, égaux entre eux. Élytres ornées d'un petit relief linéaire couleur d'ivoire (*Caenoptera* s. str.). 6—13 mill........ **1. minor** Linné.

Antennes de 11 art. (♂ ♀); art. 3-4 assez courts, 5-6 très longs, 4ᵉ presque moitié moins long que le 5ᵉ. Élytres sans relief sur le disque (*Conchopterus* Fairm.). 5 1/2—8 mill......... .... **2. umbellatarum** Schreb.

13. Genre **Stenopterus** Stephens, 1831.

Syn. *Necydalis* ‡ Illiger, 1804.

Larve : Perris, Larves (1877), p. 467, fig. 373-475.

Les *Stenopterus* sont propres à la faune européo-méditerranéenne et se réduisent à quatre espèces ; ils se développent dans le bois sec et viennent, en plein jour, se poser sur les fleurs en ombelles.

Les différences sexuelles sont peu sensibles, sauf chez le *S. ater* L. (*praeustus* Fabr.) dont le dichroïsme est remarquable. Chez les mâles, le dernier segment ventral est très court et laisse apparaître deux petits lobes ciliés qui servent de gaine au forceps.

Espèces françaises.

[Long. 9—14 mill.]

1. 1er article des antennes sans sillon en dessus............... 2.
— 1er art. des antennes creusé d'un sillon en dessus. Coloration variable (élytres et antennes passant au noir chez les ♀). — ♂. Antennes à derniers articles très allongés ; fémurs et tibias roux, au moins à leur base. — ♀. Antennes à derniers articles peu allongés ; pattes noires........... 2. **ater** Linné.

2. Prothorax à 3 bosses lisses, dont une antéscutellaire. 1er art. des antennes et partie des fémurs antérieurs et intermédiaires noirs......................... 1. **rufus** Linné (1).
— Prothorax à 2 bosses lisses seulement. Antennes et pattes entièrement rousses..................... * **flavicornis** Küst.

14. Genre **Callimus** Muls., 1846.

. Syn. *Pilema* Leconte, 1873.

Insectes voisins des *Stenopterus*, mais plus rares et localisés dans les futaies. L'une des deux espèces françaises, *C. angulatus* Schrank (*cyaneus* Fabr.), remonte jusqu'à la forêt de Fontainebleau.

Les femelles se reconnaissent aisément à leur 2e segment ventral bordé, en arrière, d'une large frange soyeuse, d'un jaune doré.

____

(1) Le *S. mauritanicus* * Luc., de Barbarie, se distingue du *S. rufus* par ses antennes, ses pattes et ses élytres entièrement rousses.

Espèces françaises.

Pattes d'un bleu ou vert-bleu métallique, de même que le dessus
et le dessous du corps. 8 1/2—9 mill...... 1. **angulatus** Schrk.

Pattes noires. Prothorax et ventre noirs ♂, rouges ♀. Tête et poitrine noires; élytres métalliques. 7—8 mill... * **abdominalis** Ol.

15. Genre **Dilus** Serv., 1834. (Duv., Gen. Col., IV, 2,
tab. 46, f. 214.)

Syn. [*Deilus* Serville].

Larve : Perris, Larves (1877), p. 459, fig. 464 *bis*, 464 *ter*.

Le *D. fugax* Ol., type unique du genre, vit aux dépens de quelques
arbrisseaux du groupe des Genêts (Papilionacées); il est surtout méridional et s'avance à peine jusqu'aux limites du bassin de la Seine du
côté d'Orléans.

D. fugax Ol., 1790. — Long, étroit, déprimé, d'un brun légèrement
bronzé, à pubescence grise, soyeuse, surmontée çà et là de longs poils
dressés. Écusson à pubescence argentée. Élytres linéaires, à bords latéraux roussâtres. Bases des fémurs, des tibias et antennes (sauf le 1er article) plus ou moins ferrugineuses. — Long. 7—10 mill.

16. Genre **Obrium** Latr., 1829. (Duv., Gen. Col., IV, 2,
tab. 55, f. 259.)

Insectes sveltes, presque tous d'un roux luisant, propres aux pays
tempérés de l'hémisphère boréal.

Comme celles des *Callimus, Cartallum, Leptidea,* etc., les femelles des
Obrium se distinguent par des caractères spéciaux; leur 1er segment
ventral égale à lui seul la moitié de l'abdomen et le 2e, terminé par une
échancrure et une large frange de poils roux, recouvre en partie le
suivant.

Espèces françaises.

1er art. des antennes garni de longs poils hérissés. Prothorax
presque lisse en avant. Insecte d'un roux vif; pattes et antennes ordinairement noires. 7—9 mill..... 1. **cantharinum** L.

1er art. des antennes à pubescence couchée. Prothorax ponctué
en avant. Insecte entièrement fauve. 4 1/2—6 mill.........
.... 2. **brunneum** Fabr.

17. Genre **Leptidea** Muls., 1839. (Duv., Gen. Col., IV, **2**, tab. 44, f. 206.)

Métam. : Perris, Larves (1877), p. 465.

Le genre *Leptidea* est établi sur une petite espèce remarquable par ses yeux entiers et ses élytres raccourcies ; elle se développe dans les tiges d'osier non décortiquées et pullule souvent dans les celliers, aux dépens des paniers et des mannes ; ses allures sont très vives.

L. brevipennis Muls., 1839. — Brun noir ou brun roussâtre, aplati. Yeux gros. Prothorax à côtés curvilignes. Élytres déhiscentes en arrière, arrondies séparément au sommet, découvrant en partie les ailes. — ♂. 3e art. des antennes un peu plus long que le 4e ; prothorax sans poils dressés ; élytres égales à la moitié du corps ; 2e segment ventral simple. — ♀. 3e et 4e art. des antennes égaux ; prothorax garni de poils dressés ; élytres égales aux deux tiers du corps ; 2e segment ventral bordé en arrière d'une épaisse frange rousse. — Long. 4—6 mill.

18. Genre **Gracilia** Serv., 1834. (Duv., Gen. Col., IV, 2, tab. 44, f. 205.)

Syn. *Nothrus* || Haldeman, 1847.

Métam. : .Perris, Larves (1877), p. 463, fig. 468-472. — (cf. Rupertsberger, Biol. Käf. Eur., p. 238).

Le type du genre est un petit insecte qui vit par familles dans les rameaux morts d'arbres très divers, mais surtout des *Salix* ; sa larve attaque souvent l'osier des paniers et des cercles de tonneaux.

G. minuta Fabr., 1781. — Allongé, déprimé, brunâtre, à pubescence grise et soyeuse. Antennes longues, ciliées en dessous, à 4e article à peine aussi long que le 3e. Tête et prothorax plus luisants et moins foncés que les élytres ; celles-ci arrondies séparément en arrière. — Prothorax allongé ♂, à peine plus long que large ♀. — Long. 4 1/2—6 mill.

19. Genre **Hesperophanes** Muls., 1839.

Syn. *Arhopalus (pars)* Serv.

Larve : E. Mulsant et V. Mulsant, Ann. Soc. Linn. Lyon, ser. nov., II (1855). p. 258. — *Nymphe :* Perris, Larves (1877), p. 448.

Genre surtout méridional, dont les espèces sont crépusculaires et vivent, à l'état de larves, dans les parties sèches de divers bois non résineux (1).

Espèces françaises (2).

1. Élytres unicolores sous la pubescence. Fémurs non claviformes... 2.

— Élytres d'un fauve pâle, avec une large tache rousse sur leur moitié postérieure et une sorte de dessin dorsal blanchâtre, d'aspect farineux, presque en forme de croix. Fémurs subclaviformes. 3e et 4e art. des antennes égaux (3). 14—20 mill..................................... **1. pallidus** Ol.

2. Élytres à pubescence nébuleuse, inégale.................. 3.

— Élytres à pubescence unie, semée de points dénudés, presque saillants. Pubescence de l'écusson blanche et très serrée. 16—28 mill.. .... * **sericeus** Fabr.

3. Élytres, vues de profil, sans poils dressés. 15—23 mill...... .... **2. cinereus** Vill.

— Élytres hérissées de longs poils, au-dessus de la pubescence rase. 7—18 mill........................... * **griseus** Fabr.

20. Genre **Criocephalus** Muls., 1839. (Duv., Gen. Col., IV, 2, tab. 37, f. 171.)

Syn. *Arhopalus (pars)* Serv.

Notes : Thomson, Skand. Col., VIII, p. 19-20. — Kraatz, Deut. ent. Zeit., XXV (1881), p. 63. — *Métam. :* Perris, Ann. Soc. ent. Fr., 1856, p. 452, fig. 359-361. — Schiödte, Nat. Tidsskr., X (Met. El., IX), p. 400 et 444, tab. 13, f. 11-19.

Insectes bruns, crépusculaires, vivant dans les souches et le tronc des Pins. Une des deux espèces d'Europe, *C. rusticus* L., s'est acclimatée chez nous dans quelques plantations anciennes, notamment dans celles de Fontainebleau.

(1) L'une d'elles, *cinereus* Villers, détériore souvent les charpentes, les parquets et les meubles dans les départements du Centre et du Midi.

(2) En France, les *H. sericeus* F. et *griseus* F. sont exclusivement méditerranéens (cf. Bedel, Bull. Soc. ent. Fr., 1888, p. clxxv).

(3) Chez les autres espèces, les proportions du 3e article varient; il est tantôt bien plus long, tantôt à peine plus long que le 4e.

Les mâles des *Criocephalus* se reconnaissent à leurs antennes longues, à leurs 1ers articles épais et laineux et à leur 5e segment ventral presque tronqué en arrière.

ESPÈCES FRANÇAISES.

[Long. 13—25 mill.]

3e art. des tarses postérieurs divisé en deux lobes dès sa base.
Yeux ordinairement hérissés de quelques poils... 1. **rusticus** L.
3e art. des tarses postérieurs bilobé à partir du milieu. Yeux
glabres. Coloration souvent noirâtre.......... 2. **ferus** Kr. (1).

21. Genre **Asemum** Eschsch., 1830. (Duv., Gen. Col., IV, 2,
tab. 37, f. 168.)

Métam. : Schiödte, Nat. Tidsskr., X (Met. El., IX), p. 401 et 444,
tab. 14, f. 1-9. — (cf. Rupertsberger, Biol. Käf. Eur., p. 236).

L'unique espèce européenne vit dans le bois des Conifères ; elle est assez répandue dans les plantations de Pins des environs de Paris.

A. striatum Linné, 1758. — Allongé, peu convexe, pubescent, d'un brun noir obscur ; élytres parfois d'un brun fauve. Antennes n'atteignant pas la moitié des élytres. Prothorax arrondi latéralement, légèrement creusé sur la ligne médiane, souvent avec une impression de chaque côté. Élytres fripées, avec quelques lignes longitudinales saillantes. 5e segment ventral transverse et largement arrondi au sommet ♂, avancé en arrière ♀. — Long. 10—18 mill.

22. Genre **Callidium** Fabr., 1775. (Duv., Gen. Col., IV, 2,
tab. 39, f. 181 ; tab. 40, f. 182-184.)

Syn. *(ad partem) Phymatodes* Muls., 1839. — *Pyrrhidium* Fairm., 1865.
— *Poecilium* Fairm., 1865. — *Meridion* Des Gozis, 1886. — *Callidium*
(s.-g. *Merium*) Kirby, 1837.

Synopsis : Ganglbauer, Bestimm.-Tabell., VII, p. 69. — *Métam. et
mœurs :* Perris, Larves (1877), p. 430 et 440, fig. 430-438 et 449. —
(cf. Rupertsberger, Biol. Käf. Eur., p. 235).

Les *Callidium* sont nombreux, de faciès assez divers et vivent dans

(1) **Syn.** *cribrata* Schiödte (1861).

toutes sortes de bois ; quelques-uns d'entre eux sont particulièrement nuisibles (cf. Perris, loc. cit., p. 432).

Leurs différences sexuelles sont peu tranchées. Les antennes des *Phymatodes* mâles sont plus longues que le corps.

ESPÈCES.

1. Prothorax à côtés arrondis......................... 2.

— Prothorax à côtés anguleux, hexagonal (*Pyrrhidium* Fairm.). Élytres rouges, à pubescence écarlate. 9—11 mill........
.... 7. **sanguineum** L.

2. Élytres sans bandes blanches............................. 3.

— Élytres avec une ou deux bandes blanches................ 8.

3. Prothorax aussi long que large ou un peu plus large que long, souvent luisant....................................... 4.

— Prothorax fortement transversal, subcordiforme, terne. Surface rugueuse, presque glabre, d'un bleu violet (*Callidium* s. str.). 10—15 mill.................... 8. **violaceum** L.

4. Prothorax ponctué (*Phymatodes* Muls.). Insectes de coloration variable... 5.

— Prothorax garni d'aspérités grenues. Surface d'un bleu d'acier, très luisante. Base des antennes et des fémurs, tibias et tarses roux. 6—8 mill.................... 1. **rufipes** Fabr.

5. Prothorax à surface légèrement bosselée.................. 6.

— Prothorax à surface unie, très ponctuée. Élytres à pubescence foncière assez rare, surmontée (vue de profil) de poils dressés assez longs. Insecte brun, parfois subirisé en dessus. 7—9 mill.................... 3. **glabratum** Charp.

6. 3e et 4e art. des antennes égaux. Élytres (vues de profil) sans poils dressés, sauf à l'extrême base. Coloration extraordinairement variable. 7—14 mill............. 4. **testaceum** L.

— 3e art. des antennes un peu plus long que le suivant. 6—10 mill... 7.

7. Élytres (vues de profil) sans poils dressés. Saillie mésosternale ne dépassant pas, en arrière, le milieu des hanches intermédiaires .... 5. **lividum** Rossi (1).

______

(1) Syn. *melancholichum* Fabr. — Le *C. asperipenne* * Fairm., de Tanger. ne diffère en rien de cette espèce.

— Élytres hérissées de longs poils dressés au-dessus de la pubescence foncière. Saillie mésosternale atteignant presque l'extrémité postérieure des hanches intermédiaires........
.... 6. **pusillum** Fabr. (1).

8. Élytres ornées chacune de deux bandes blanches, obliques, très étroites; région antérieure seule ponctuée, ordinairement roussâtre. Lobes de l'œil rattachés l'un à l'autre par un filet linéaire (*Poecilium* Fairm.). 4—6 mill....... 2. **alni** L.

— Élytres ornées seulement d'une large bande blanche transversale. 6—8 mill.................... * **fasciatum** Villers (2).

23. Genre **Rhopalopus** Mulsant, 1839.

Syn. [*Ropalopus* Muls.]. — *Callidium (pars)* auct.

Métam. : Perris, Larves (1877), p. 435-437, fig. 439-442.

Ces insectes se rapprochent infiniment des *Callidium* proprement dits et n'en diffèrent que par la saillie prosternale prolongée entre les hanches antérieures. Ils se développent dans le bois mort de divers arbres non résineux.

ESPÈCES.

1. Antennes à articles intermédiaires (à partir du 3e) terminés en pointe épineuse au côté interne. Élytres (vues de profil) sans poils dressés.................................... 2.

— Antennes à articles sans épines. Élytres garnies de poils dressés. sur leur première moitié. Fémurs à base noire, massue rouge et genou noir. 10—12 mill............... 3. **femoratus** L.

2. Fémurs tout noirs. Prothorax à ponctuation rugueuse, ocellée. 16—22 mill........................... 1. **clavipes** Fabr.

— Fémurs à base noire et massue toute rouge. Prothorax avec trois plaques lisses, sur fond rugueux, non ocellé. 12—14 mill................................. 2. **spinicornis** Ab.

(1) Mant. Ins., I, p. 155. — Syn. *abdominale* Bon. (1812). — Panzer a nettement établi l'identité de l'espèce décrite par Fabricius.

(2) Car. Linn. Entom., I, p. 257 (1789). — Syn. *unifasciatum* Ol. (1790). — Espèce méridionale qui vit dans la Vigne sauvage.

24. Genre **Semanotus** Muls., 1839. (Duv., Gen. Col., IV, 2, tab. 59, f. 281.)

Syn. *Sympiezocera* Lucas, 1852. — *Xenodorum* Mars., 1856.

Métam. : Perris, Larves (1877), p. 443.

Groupe de transition entre les *Rhopalopus* et les *Hylotrypes*, très voisin de ces derniers surtout et, comme eux, spécial aux arbres résineux.

Une des deux espèces françaises, le *S. Laurasi* Luc., vit dans le bois des vieux *Juniperus* et remonte jusqu'à la forêt de Fontainebleau.

ESPÈCES FRANÇAISES.

Élytres à ponctuation extrèmement serrée, ternes, d'un jaune fauve, plus roussâtre en avant, avec une large bande transversale commune et leur tiers postérieur très noirs. Antennes assez comprimées (*Sympiezocera* Luc.). 9—17 mill. (1)...
.... 1. **Laurasi** Luc.
Élytres à ponctuation forte et espacée, luisantes, d'un brun de poix, avec deux fascies livides, irrégulières. Antennes à peine comprimées (*Semanotus s. str.*). 9—14 mill....... * **undatus** L.

25. Genre **Hylotrypes** Muls., 1839. (Duv., Gen. Col., IV, 2, tab. 41, f. 188.)

Syn. *Callidium* (s.-g. *Hylotrupes*) Serv.

Mœurs et métam. : Perris, Ann. Soc. ent. Fr., 1856, p. 454-459, fig. 369-375.

L'unique espèce du genre est un fléau pour les bois résineux mis en œuvre (planchers, charpentes, meubles) et ses dégâts sont d'autant plus redoutables que les larves peuvent réduire en poussière tout l'aubier d'une pièce de bois sans trahir leur présence au dehors. L'insecte paraît se reproduire fréquemment sur place, sans sortir de ses galeries.

H. bajulus Linné, 1758. — Allongé, déprimé, luisant, d'un brun de poix ; élytres concolores ou livides ; tête, thorax, base des élytres et

(1) Mesures prises sur une série d'exemplaires trouvés à Fontainebleau (collection A. Léveillé !).

dessous du corps à villosité d'un gris argenté. Prothorax à reliefs lisses et polis. Élytres rugueuses ou chagrinées, avec quelques impressions tomenteuses en travers. Insecte très variable. — Long. 8—20 mill.

26. Genre **Rosalia** Serv., 1833. (Duv., Gen. Col., IV, 2, tab. 41, f. 189.)

Syn. *Callichroma (pars)* Latr., 1816 (1).

Monogr. : Lameere, Ann. Soc. ent. Belg., XXXI (1887), p. 159. — *Mœurs :* Holeczek, Entom. Nachr., XIII, p. 308.

Le genre *Rosalia* (2) se compose de trois superbes espèces : *funebris* Motsch., du nord de l'Amérique, *Batesi* Harold, du Japon, et *alpina* L., d'Europe. Cette dernière affectionne les forêts froides ou subalpines et ne franchit guère les limites du bassin de la Seine ; elle vit dans le Hêtre et se prend en été.

R. alpina Linné, 1758. — Très allongé, déprimé, couvert d'un duvet bleu-cendré pâle. Prothorax avec une tache noire veloutée à son bord antérieur. Élytres rugueuses à la base, ordinairement ornées chacune de deux taches et d'une large fascie médiane noires et veloutées. — ♂. Mandibules avec une dent au côté externe ; antennes bien plus longues que le corps, art. 3-6 seuls pourvus de houppes noires ; 5e segment ventral très court, avec une large impression. — ♀. Mandibules normales ; antennes un peu plus longues que le corps, art. 3-8 pourvus de houppes ; 5e segment ventral prolongé en arrière, tronqué au sommet. — Long. 20—40 mill.

27. Genre **Aromia** Serv., 1833.

Syn. *Callichroma (pars)* Latr., 1816.

Métam. : Perris, Larves (1877), p. 426, fig. 427-428. — (cf. Rupertsberger, Biol. Käf. Eur., p. 234).

L'*A. moschata* L., bien connu en raison du parfum qu'il sécrète (3),

(1) Nouv. Dictionnaire d'Hist. nat. de Déterville, ed. 2, V, p. 24.

(2) Abstraction faite des *Eurybatus*, de l'Asie tropicale, que Lameere rattache aux *Rosalia*.

(3) Voyez, pour la situation de la glande odorifère : Ganglb., Bestimm.-Tabell., VII, fig. 6 (*f. gl. od.*).

représente seul en Europe le groupe nombreux des *Callichroma* et genres voisins ; il vit exclusivement sur les vieux *Salix* et se trouve en plein jour.

A. moschata Linné, 1758. — Très allongé, déprimé, glabre et métallique en dessus (1). Antennes d'un bleu d'acier. Élytres finement chagrinées, plus ternes que le prothorax. — ♂. Antennes une fois et demie aussi longues que le corps ; 5ᵉ segment ventral très court, profondément échancré et découvrant un 6ᵉ arceau. — ♀. Antennes un peu moins longues que le corps ; 5ᵉ segment ventral étiré, terminé en arc. — Long. 15—34 mill.

28. Genre **Purpuricenus** Fischer, 1823.

Synopsis : Ganglbauer, Bestimm.-Tabell., VII, p. 61. — *Métam. :* Perris, Larves (1877), p. 423, fig. 421-426.

Grands et beaux insectes noirs et rouges, qui se développent dans le bois sec, notamment dans les vieux échalas, et viennent volontiers se poser, en plein soleil, sur les fleurs d'Ombellifères, de Carduacées, etc.

Les mâles se distinguent des femelles par leurs antennes plus longues et dépassant quelquefois de beaucoup l'extrémité du corps. Chez les femelles, le dernier segment ventral laisse apparaître, en arrière, une bande transversale de longues squamules claviformes, roussâtres.

Espèces françaises.

[Long. 14—20 mill.]

Élytres rouges, ornées d'une grande tache noire lancéolée, occupant la région apicale d'un bord à l'autre...   * **budensis** Götz (2).

(1) En dessus, la couleur est très variable et passe du vert ou du vert doré au bleu et au noir-violet.

L'espèce se subdivise d'ailleurs en trois races ou variétés principales, caractérisées par la coloration du prothorax :

    a. Surface du prothorax toute métallique....... type *moschata* Linn.

    b. Surface du prothorax à côtés rouges......... var. *ambrosiaca* Stev.

    c. Surface du prothorax toute rouge........... var. *thoracica* Fisch.

Chez le type, qui se prend seul dans les régions tempérées, le disque du prothorax est plus rugueux chez les mâles que chez les femelles.

(2) Contrairement à l'affirmation de Lacordaire (Gen. Col., IX, p. 179), le mésosternum est uni chez le *P. budensis,* aussi bien que chez les *P. barbarus*

Élytres rouges en entier (var. *ruber* Fourc.) ou ornées d'une
tache noire commune, variable, mais n'atteignant jamais le
bord externe en arrière...................... **1. Kœhleri** L.

29. Genre Clytus Laich., 1784. (Duv., Gen. Col., IV, 2, tab. 42,
f. 196 ; tab. 43, f. 197 et 200 ; tab. 44, f. 202.)

Syn. *(ad partem) Plagionotus* Muls., 1839 (*Platynotus* || Muls., *Hadro-
clytus* Kraatz). — *Anaglyptus* Muls., 1839 (*Cyrtophorus* Lec., 1850).
— *Xylotrechus* Chevr., 1860-63. — *Clytanthus* J. Thoms., 1864 (*An-
thoboscus* || Chevr.).

Synopsis : Ganglbauer, Bestimm.-Tabell., VII, p. 46. — *Métam. :*
Perris, Larves (1877), p. 450-458, fig. 454-464. — (cf. Rupertsberger,
Biol. Käf. Eur., p. 237). — Decaux, Feuille des Jeunes Nat., XIII
(1884), p. 53.

Groupe très nombreux, surtout dans les pays chauds, et composé d'insectes de taille médiocre, presque tous ornés de bandes ou de taches
vivement colorées. On les trouve, en plein soleil, courant sur les troncs
d'arbres ou butinant sur les fleurs en ombelles.

Chez les espèces françaises, les différences entre les deux sexes sont
à peine appréciables.

Espèces.

1. Écusson arrondi en arrière. Élytres sans trace de bosses à la
région scutellaire.................................... **2.**
— Écusson triangulaire. Élytres bigibbeuses derrière l'écusson.
1er art. des tarses postérieurs seulement aussi long que les
2e et 3e réunis (*Anaglyptus* Muls.). Antennes annelées.
Élytres arrondies au sommet (1), ornées de dessins cendrés irréguliers (2). 9—12 mill........... **16. mysticus** L.

Luc., *Kœhleri* L., *ferrugineus* Fairm., *Deyrollei* Th., *dalmatinus* Sturm, etc.
C'est une espèce de Barbarie et d'Orient, *Desfontainesi* Fabr., qui porte entre
les hanches intermédiaires la saillie tuberculeuse caractéristique des *Sterno-
plistes* Guér.

(1) La deuxième espèce française du s.-g. *Anaglyptus*, le *C. gibbosus* Fabr., a
les élytres terminées extérieurement par une longue pointe épineuse.

(2) Les élytres sont d'un rouge brun sur leur moitié antérieure chez le type
et entièrement noires dans la variété orientale *hieroglyphicus* Herbst (*litteratus*
Gmel.).

2. Articles moyens des antennes échancrés et subépineux à leur
sommet. Prosternum sans pubescence couchée (*Plagionotus* Muls.). Prothorax transversal...................... 3.

— Articles des antennes simplement tronqués au sommet..... 4.

3. Écusson couvert de duvet jaune. Élytres à fond noir, avec
une tache suturale (formée de deux points jaunes) derrière
l'écusson ; 1re bande transversale jaune formée de deux
points isolés (var. *Reichei* Thoms.) ou confluents. 9—18
mill... **1. arcuatus** L.

— Écusson sans duvet jaune. Élytres à fond roux en avant et
fauve en arrière, sans tache suturale jaune derrière l'écusson. 13—17 mill.................................. **2. detritus** L.

4. Épisternes métathoraciques assez larges, à bords parallèles
ou atténués en arrière ; épimères mésothoraciques assez
grands, fortement transversaux .... 5.

— Épisternes métathoraciques très longs, étroits, élargis en
arrière ; épimères mésothoraciques petits et refoulés par
l'extension des épisternes mésothoraciques (*Clytanthus*
Thoms.).. 12.

5. Front avec des reliefs longitudinaux ou une sorte de carène
sur la ligne médiane (*Xylotrechus* Chevr.). Prothorax râpeux .... 6.

— Front sans carène ni reliefs distincts sur la ligne médiane
(*Clytus s. str.*).................................... 8.

6. Antennes à duvet cendré, annelé de brun. Prothorax avec
deux séries de mouchetures pâles sur le disque. Élytres
à fond brun noir ou brun fauve, parsemées de poils écrus ;
taches ou fascies mal accusées. 12—17 mill... **3. rusticus** L.

— Antennes entièrement rousses. Prothorax taché de jaune
(aux quatre coins). Élytres à bandes jaunes et très nettes. 7.

7. Côtés du prothorax redressés vers la base. Écusson couvert
de duvet jaune. Première tache des élytres (après l'épaule)
perpendiculaire à la suture. 8—17 mill...... **4. arvicola** Ol.

— Côtés du prothorax régulièrement curvilignes. Écusson
noir, bordé de jaune. Première tache des élytres oblique.
8—13 mill...................................... **5. antilope** Zett.

8. Prothorax à côtés régulièrement curvilignes. Taches et bandes
   de duvet jaunes......................................   9.

— Prothorax oblong, évasé en arrière, grossièrement râpeux
   sur le disque, à duvet gris cendré. Fascies des élytres également cendrées. 10 mill................ 6. **cinereus** Lap.

9. Prothorax hérissé de longs poils (visibles de profil); sculpture foncière visible à travers la pubescence; sommet
   bordé de jaune. Élytres sans teinte rousse à la base; dernière bande jaune occupant le sommet................. 10.

— Prothorax sans poils dressés, revêtu d'un duvet noir velouté,
   masquant le fond, et taché de jaune aux quatre coins.
   Élytres teintées de roux à la région scutellaire; dernière
   bande jaune isolée du sommet. 10—16 mill.   7. **tropicus** Panz.

10. Prothorax mat. Épisternes métathoraciques moitié noirs,
   moitié jaunes. 8—14 mill............................ 11.

— Prothorax un peu luisant. Épisternes métathoraciques
   presque tout jaunes. Antennes entièrement rousses. 6—10
   mill..................................... 9. **rhamni** Germ.

11. Antennes à moitié supérieure noirâtre et légèrement épaissie.
   Prothorax tout couvert de longs poils dressés. Première
   bande jaune des élytres perpendiculaire à la suture. Pygidium revêtu de duvet jaune................. 8. **arietis** L.

— Antennes entièrement rousses, non renforcées vers le sommet. Prothorax garni de longs poils seulement en arrière.
   Première bande des élytres oblique. Pygidium sans duvet
   jaune en dessus..................... * **lama** Muls.

12. Élytres arrondies au sommet. Prothorax rouge brique.
   Élytres à larges bandes blanches. Antennes rousses. 8—9
   mill.................. 10. **trifasciatus** Fabr.

— Élytres aiguës à leur angle apical externe............. 13.

13. Pubescence formant, en dessous, des plaques blanches sur
   les épisternes métathoraciques et à l'angle inféro-externe
   des premiers segments ventraux................... 14.

— Pubescence uniforme sur le dessous du corps........... 15.

14. Élytres à dessins cendrés, comprenant une tache isolée au-
   dessous du calus huméral; fascie médiane large, dilatée
   vers la suture. 8—12 mill............ 11. **figuratus** Scop.

— Élytres à dessins blancs, sans tache subhumérale; fascie médiane grêle, effilée en dedans; fascie subscutellaire terminée en arrière par une tache ponctiforme. Prothorax très rarement rougeâtre (var. *ruficollis* Muls.), ordinairement noir. 6—9 mill.......................... 12. **massiliensis** L.

15. Élytres ornées, après leur premier tiers, de deux bandes noires transversales et communes. 10—14 mill. 13. **verbasci** L.

— Élytres ornées, après leur premier tiers, de taches ou de points noirs isolés................................ 16.

16. Prothorax orné de trois taches noires, la médiane assez grande. Élytres à taches dorsales noires larges, un peu carrées. 10—15 mill................. 14. **Herbsti** Brahm.

— Prothorax sans taches distinctes. Élytres à taches dorsales noires ponctiformes. 12—16 mill......... 15. **pilosus** Forst.

30. Genre **Cerambyx** Linné, 1758.

Syn. *Hamaticherus* (= *Hammatocerus*) Steph., 1831.

Métam. (cf. Rupertsberger, Biol. Käf. Eur., p. 234). — Judeich et Nitsche, Lehrb. Forstins., p. 580, fig. 179-180 et 182.

Insectes de grande taille, peu nombreux, propres à la région européo-méditerranéenne et vivant dans le bois des vieux arbres, où leurs larves creusent de profondes galeries. La plupart, comme le *C. cerdo* L., ne sortent que par les soirs d'été; le *C. Scopolii* Fuessl., au contraire, est diurne et vient souvent se poser sur les fleurs.

Les mâles se distinguent des femelles par leur 5e segment ventral fortement transverse et par leurs antennes plus longues que le corps, à premiers articles plus renflés et derniers articles plus allongés.

Espèces françaises.

1. Élytres soit brunâtres ou roussâtres en arrière, soit entièrement brunes. 28—56 mill................................. 2.

— Élytres entièrement d'un noir profond, très rugueusement ridées en avant. 18—28 mill............. 3. **Scopolii** Fuessl.

2. Yeux à facettes assez grossières; lobe inférieur de l'œil plus grand que l'espace qui le sépare des mandibules. Élytres ruguleuses sur leur partie postérieure................. 3.

— Yeux à facettes fines; lobe inférieur de l'œil égal à l'espace
qui le sépare des mandibules. Élytres ponctuées jusqu'au
sommet, arrondies et sans épine à l'angle sutural.   **2. miles** Bon.

3. Antennes à 2ᵉ art. non ou médiocrement transversal. Élytres
ordinairement armées d'une épine à l'extrémité de la suture ....   4.

— Antennes à 2ᵉ art. fortement transversal. Élytres arrondies ou
obtusément angulées au sommet de la suture. Rides du
prothorax grossières et emmêlées...........   *** dux** Fald. (1).

4. Élytres convexes, atténuées en arrière, glabres ou finement
pubescentes (2).................................   **1. cerdo** L.

— Élytres déprimées, subparallèles, entièrement brunes, finement pubescentes, à sculpture finement rugueuse. Rides du
prothorax emmêlées......................   *** velutinus** Br.

IV. Tribu. **Lamiini.**

Genres.

1. Antennes de 11 articles. Extrémité des mandibules ordinairement simple (3)...............................   2.

— Antennes de 12 articles. Extrémité des mandibules bifide...   21.

2. Prothorax muni d'une dent ou d'une épine vers le milieu
des côtés...   3.

— Prothorax sans dent ni épine latérale (4)...............   15.

3. Articles des antennes sans longs poils *en dessous*. Tibias intermédiaires avec un cran dentiforme à leur bord externe.   4.

— Articles des antennes (au moins les 3ᵉ et 4ᵉ) ciliés *en dessous* ....   10.

(1) Syn. *intricatus* * Fairm. — Trouvé à Lorgues (Var) par M. Abeille de
Perrin et signalé par erreur sous le nom de « *nodulosus* » au Catalogue Fauvel.

(2) Les individus pubescents en dessus sont propres à la région méditerranéenne et constituent la var. *Mirbecki* * Luc.

(3) La pointe des mandibules est bifide seulement chez plusieurs *Phytoecia*,
notamment quelques espèces du groupe des *Opsilia*.

(4) Certains exemplaires d'*Anaesthetis testacea* Fabr. présentent seuls un ru-
diment de saillie latérale.

4. Art. 1-2 des tarses postérieurs garnis en dessous, comme le 3ᵉ, de brosses spongieuses ou *scopulae*. Fémurs non claviformes .... 5.

— Art. 1-2 des tarses postérieurs dépourvus de brosses et souvent veloutés en dessous. Fémurs en massue .... 9.

5. 1ᵉʳ art. des antennes sans couronne tranchante près du sommet. Épistome sans bourrelet en avant ...... 31. **Dorcadion.**

— 1ᵉʳ art. des antennes avec une couronne semi-circulaire tranchante près du sommet. Épistome garni d'un bourrelet en avant .... 6.

6. Cavités cotyloïdes des hanches antérieures fermées en arrière. Intervalle des antennes faiblement creusé .... 7.

— Cavités cotyloïdes des hanches antérieures ouvertes en arrière. Intervalle des antennes creusé à angle aigu. Antennes glabres, granuleuses et pourvues de plaques sensitives chez les mâles, annelées de duvet gris chez les femelles .... * **Monohammus** (1).

7. Élytres à suture libre. Métasternum assez développé entre les hanches intermédiaire et postérieure .... 32. **Lamia.**

— Élytres soudées à la suture. Métasternum très court entre les hanches intermédiaire et postérieure .... 8.

8. Antennes moins longues que le corps, à 1ᵉʳ art. presque plus long que le 3ᵉ .... * **Dorcatypus** (2).

— Antennes plus longues que le corps, à 1ᵉʳ art. notablement moins long que le 3ᵉ .... 33. **Morimus.**

9. Prosternum assez large et frangé entre les hanches antérieures. Élytres déprimées. — ♀. Abdomen terminé en pointe et oviducte saillant .... 35. **Acanthocinus.**

— Prosternum très étroit entre les hanches antérieures. — ♀. Abdomen sans prolongement caudiforme ..... 36. **Liopus.**

10. Métasternum de longueur normale entre les hanches inter-

____

(1) Steph., 1831. — Genre propre aux Conifères et dont les espèces européennes, excepté *gallo-provincialis* Ol., sont spéciales aux régions subalpines ou boréales.

(2) J. Thoms., 1864 (*Herophila* Ganglb.). — Espèce française : *tristis* L. (*funestus* Fabr.). — Cet insecte a été faussement signalé comme pris une fois sur un des quais de Paris (Ann. Soc. ent. Fr., 1856, p. LIX).

médiaire et postérieure. Tibias intermédiaires avec un cran
dentiforme au bord externe.......................... 11.

— Métasternum très resserré entre les hanches intermédiaire et
postérieure. Tibias intermédiaires sans cran distinct. Arrière-corps oviforme. Aptère.............. * **Parmena** (1).

11. Pubescence des élytres exclusivement formée de duvet ras.. 12.

— Pubescence des élytres surmontée de crins relevés, épars ou
fasciculés, visibles de profil............................ 14.

12. Fémurs en massue................................. 13.

— Fémurs non claviformes. Élytres très allongées... 39. **Deroplia.**

13. Élytres larges, à sommet tronqué........ 34. **Acanthoderes.**

— Élytres oblongues, sans troncature apicale.... * **Hoplosia** (2).

14. Hanches antérieures subcontiguës. Antennes (non annelées)
à 4ᵉ art. un peu plus long que le 5ᵉ....... 37. **Exocentrus.**

— Hanches antérieures assez écartées. Antennes (annelées) à
4ᵉ art. presque double du 5ᵉ. Art. 1-2 des tarses postérieurs subégaux................... 38. **Pogonochaerus.**

15. 1ᵉʳ art. des antennes avec une arête oblique à sa partie su-
péro-externe. Corps épais............. 40. **Haplocnemia.**

— 1ᵉʳ article des antennes simple......................... 16.

16. Ongles des tarses simples.......................... 17.

— Ongles des tarses dentés à la base ou appendiculés en dedans... 18.

17. Élytres cylindriques, à suture nettement rebordée en arrière.
Épisternes métathoraciques parallèles..... 41. **Anaesthetis.**

— Élytres déprimées, sans rebord sutural......... 42. **Saperda.**

18. Prothorax avec un sillon transversal très net, avant la base.
Antennes à vestiture tomenteuse ; 2ᵉ art. presque égal à la
moitié du 3ᵉ. Dent des ongles petite. Lobes supérieur et
inférieur de l'œil isolés.................... 43. **Tetrops.**

(1) Serv., 1835. — Une des espèces françaises, *P. balteus* L., remonte
jusqu'en Bourgogne. — Sa larve a été décrite par C. Rey (Ann. Soc. linn. Lyon,
2, XXXIII, p. 233).

(2) Muls., 1863 (*Lepargus* Schiödte, 1864). — Type : *fennica* Payk. (*cinerea*
Muls., *punctulata* ; Muls.). — Alpes, Pyrénées, etc.

— Prothorax sans sillon transversal. Antennes à vestiture
soyeuse; 2ᵉ art. très court, souvent nodiforme.......... 19.

19. Élytres subélargies en arrière.............. **44. Stenostola.**

— Élytres parallèles ou atténuées en arrière................ 20.

20. Prothorax sans poils dressés en dessus. Élytres très longues
et parallèles. Palpes jaunes................. **45. Oberea.**

— Prothorax hérissé de longs poils en dessus. Élytres assez
longues. Palpes noirs..................... **46. Phytoecia.**

21. Antennes ciliées en dessous; jointures des articles très apparentes............................... **47. Agapanthia.**

— Antennes non ciliées en dessous; jointures des articles peu
visibles............................... * **Calamobius** (1).

31. Genre **Dorcadion** Fischer, 1823.

Synopsis : Ganglbauer, Bestimm.-Tabell., VIII, p. 3. — *Mélam.*
V. Mayet, Ann. Soc. ent. Fr., 1882, p. LIX.

Les *Dorcadion* forment un genre à la fois très nombreux (2), très
homogène et de mœurs exceptionnelles dans cette famille. Après s'être
développés en terre, à la racine des Graminées, ils sortent dès le premier printemps et courent en plein jour sur les pelouses ou les talus
gazonnés. Comme presque tous les insectes épigés, ils sont extrêmement variables.

Les mâles se distinguent seulement des femelles par leur forme plus
svelte et, dans certains cas, par leurs dessins mieux accusés et de
coloration plus intense.

ESPÈCES FRANÇAISES.

[Long. 9—18 mill.]

1. Prothorax glabre ou à léger duvet cendré. Revêtement des

---

(1) Guérin, 1849. — L'unique espèce connue (*gracilis* Creutz., 1799 = *filum*
Rossi, 1790) vit dans les chaumes de diverses Graminées. Elle est assez méridionale, et c'est par erreur qu'elle a été citée du département de l'Aube (Rev.
d'Entom., 1884, p. 376).

(2) Environ 150 espèces, réparties entre l'Europe méridionale, l'Asie occidentale, la Sibérie et le nord de la Chine. — Le genre n'existe pas en Afrique, mal-
gré toutes les assertions contraires.

élytres tantôt orné de bandes longitudinales blanches sur fond brun (var. *ovatum* Sulz.), tantôt d'un blanc cendré uniforme.............................. **1. fuliginator** L.

— Prothorax à duvet brun velouté, orné de bandes longitudinales blanches.. **2.**

2. Prothorax orné, sur la ligne médiane, d'une bande nue et polie, bordée de blanc.................... **2. molitor** Fabr.

— Prothorax orné, sur la ligne médiane, d'une bande de duvet blanc............................... * **arenarium** Scop.

32. Genre **Lamia** Fabr., 1775. (Duv., Gen. Col., IV, 2, tab. 48, f. 224.)

Syn. *Pachystola* Küst., 1845.

Larve : Candèze, Mém. Soc. sc. Liége, 1853, p. 585, tab. 8, f. 1.

Le genre *Lamia* se réduit actuellement à l'espèce suivante, très répandue en Europe et qui vit sur les Salicinées.

L. textor Linné, 1758. — Oblong, convexe, d'un noir de suie. Antennes moins longues que le corps. Prothorax chagriné, à épine latérale longue et aiguë. Élytres granulées en avant, à duvet très court, brunâtre, souvent un peu marbré de gris sale. — Long. 14—20 mill.

33. Genre **Morimus** Serv., 1835. (Duv., Gen. Col., IV, 2, tab. 48, f. 225.)

Larve : Schiödte, Nat. Tidsskr., X (Met. El., IX), p. 429, tab. 17, f. 17-18 (1).

Les *Morimus* sont de gros insectes à téguments durs et râpeux, de couleur sombre. L'espèce française (2) se développe dans le Chêne (Schiödte, loc. cit., p. 431).

(1) Goureau (Ann. Soc. ent. Fr., 1844, p. 427, tab. 10, II, f. 1-3) a publié sous le nom de « *Morimus lugubris* » les métamorphoses d'un insecte qui vit dans le Peuplier et qui, d'après ses mœurs et la figure de sa nymphe, me paraît le *Lamia textor* L.

(2) Le *M. funereus* Muls. a été signalé de Provence par erreur (Rev. d'Entom., 1881, p. 366); les diverses citations de localités françaises concernent simplement le *M. asper*.

M. asper Sulzer, 1776. — Oblong, d'un noir de suie. Antennes à 3ᵉ article notablement plus long que le 1ᵉʳ. Prothorax chagriné. Élytres subcomprimées en avant, rétrécies en arrière, légèrement gibbeuses, couvertes de grains tuberculeux et portant quatre larges taches noires peu apparentes. — ♂. Antennes d'un tiers ou de moitié plus longues que le corps. — Long. 19—34 mill.

34. Genre **Acanthoderes** Serv., 1835.

Syn. *Psapharochrus* J. Thoms., 1864.

Métam. : Perris, Larves (1877), p. 479, fig. 491-494.

Genre nombreux, surtout en Amérique, mais représenté en Europe par deux espèces seulement. L'une d'elles, *A. clavipes* Schrank (*varius* Fabr.), est répandue depuis la Suède jusqu'en Sibérie et en Algérie ; elle se tient le plus souvent sur les troncs morts des *Betula* et des *Populus*, où vit ordinairement sa larve. L'autre espèce, *A. Krüperi* Kr., n'est connue que d'Acarnanie.

P. clavipes Schrank, 1781. — Large, court, peu convexe, à duvet cendré, varié de noir et de brun. Antennes annelées. Disque du prothorax presque bituberculé en avant. Élytres larges, criblées de points noirs (presque râpeux vers l'épaule), plus ou moins nettement trifasciées de brun noir, tronquées au sommet. — ♂. Tarses antérieurs dilatés, bordés de cils foncés ; 5ᵉ segment ventral très court, échancré en arrière. — ♀. Tarses antérieurs moins larges, non ciliés ; 5ᵉ segment ventral grand, subtriangulaire. — Long. 14—16 mill.

35. Genre **Acanthocinus** Steph., 1831.

Syn. *Aedilis* Serv., 1835. — *Astynomus* Steph., 1839.

Métam. : Perris, Ann. Soc. ent. Fr., 1856, p. 459, fig. 376-381. — (cf. Rupertsberger, Biol. Käf. Eur., p. 239).

Insectes déprimés, gris, variés de brun ou de noir, que l'on trouve souvent, dès le premier printemps, appliqués sur le tronc des Conifères. L'un d'eux, *A. aedilis* L., s'est acclimaté dans les plantations de Pins de toute notre région.

Les mâles se reconnaissent à l'extrême longueur de leurs antennes.

les femelles, à leur abdomen prolongé en pointe et terminé par un oviducte tubuleux.

1. 1er art. des tarses postérieurs au plus égal aux suivants réunis . . . . 2.

— 1er art. des tarses postérieurs plus long que les suivants réunis. Élytres sans nervures. 9—12 mill. . . . . * **griseus** Fabr.

2. Duvet des tarses uniformément cendré en dessus. 1er art. des antennes ordinairement noir au bord externe, cendré sur une grande partie du bord interne. 14—19 mill. 1. **aedilis** L.

— Duvet des tarses noir au sommet et blanchâtre à la base, en dessus. 1er art. des antennes noir au sommet seulement. Élytres à nervures costiformes. 11—15 mill. 2. **reticulatus** Raz.

36. Genre **Liopus** Serv., 1835.

Syn. [*Leiopus* Serv.] — *Sternidius* Leconte, 1873.

Métam. : Perris, Larves (1877), p. 477, fig. 484-490.

Les espèces de ce genre sont de petites dimensions et variées de gris, de noir et de brun. L'une d'elles, *L. nebulosus* L., très commune en Europe, est polyphage et se développe dans les branches récemment mortes des Amentacées, des arbres fruitiers, etc.

Chez cette même espèce, le mâle a les antennes deux fois aussi longues que le corps et le 5e segment ventral un peu plus long que large ; la femelle a les antennes moins longues et le 5e segment ventral allongé.

[Long. 5—9 1/2 mill.]

Articles des antennes (à partir du 3e) roussâtres, à sommet noir. Base des fémurs et partie moyenne des tibias à fond roussâtre. Élytres à dessins très variables. . . . . 1. **nebulosus** L.

Articles des antennes et pattes à fond noir. Élytres noires, avec une large bande transversale et le sommet cendrés, ponctués de noir . . . . 2. **punctulatus** Payk.

37. Genre **Exocentrus** Muls., 1839. (Duv., Gen. Col., IV, 2, tab. 47, f. 217.)

Métam. : Perris, Larves (1877), p. 480-485, fig. 495-499.

Les *Exocentrus* européens consistent en quelques petites espèces brunes et nébuleuses, qui se développent dans les menues branches mortes des *Tilia* (*E. lusitanus* L.), *Ulmus* (*E. punctipennis* Muls. et G.), *Quercus, Castanea, Alnus,* etc. (*E. adspersus* Muls.); on les prend au vol, le soir, autour de ces divers arbres.

Espèces françaises.

1. 3e art. des antennes hérissé de longs poils *en dessus.* Élytres avec des traces de mouchetures blanches en séries longitudinales. 5—8 mill.................... **1. adspersus** Muls.

— 3e art. des antennes sans poils dressés *en dessus.* 4 1/2—6 mill.   2.

2. Élytres avec une fascie transversale brune très nette, précédée de points dénudés en séries........ **2. punctipennis** M. et G.

— Élytres avec deux fascies brunâtres assez vagues (l'une latérale, oblongue, l'autre antéapicale, transverse), sans séries de points dénudés........................ **3. lusitanus** L.

38. Genre **Pogonochaerus** Gemm., 1873 (1).

Syn. *Pogonocherus* || Zett., 1828.

Métam. : Perris, Larves (1877), p. 486-490, fig. 500. — (cf. Rupertsberger, Biol. der Käf., p. 240).

Insectes d'assez petite taille, que leur duvet nébuleux, rehaussé de quelques mouchetures de crins noirs, dissimule à merveille au milieu des rameaux de bois mort où ils vivent confinés.

Les *Pogonochaerus* sont représentés dans tout l'hémisphère nord; ceux d'Europe sont propres aux Abiétinées, sauf *hispidulus* Pill. (*biden-*

---

(1) Zetterstedt (Fn. Ins. Lapp., p. 364) a publié, avant Serville (1835) et Latreille (1829), les caractères du genre « *Pogonocherus* » de Megerle; mais comme ce nom (tiré des mots πώγων et κέρας) fait double emploi dans la nomenclature (cf. *Pogonocerus* Fisch., 1812), il y a lieu d'admettre celui de *Pogonochaerus,* créé par Gemminger avec une étymologie différente (πώγων et χαίρω).

tatus Thoms.), *dentatus* Fourc. et *ovatus* Göze, qui s'attaquent à divers arbres feuillus.

Chez les mâles, le 5e segment ventral, tronqué ou subéchancré au sommet, porte une impression ou une fossette en arrière.

Espèces françaises (1).

1. Élytres arrondies à leur angle apical externe (*Pityophilus* Muls.)... 2.

— Élytres avec une pointe aiguë à leur angle apical externe (*Pogonochaerus s. str.*)...................................... 4.

2. Élytres non ponctuées au sommet......................... 3.

— Élytres ponctuées jusqu'à l'extrémité. 4—6 mill.   **1. ovatus** Göze.

3. Front avec deux faisceaux de poils noirs. Pubescence des élytres formant une lunule subhumérale blanchâtre. 5—7 mill......................... **2. fasciculatus** Deg.

— Front sans faisceaux de poils. Pubescence des élytres formant, en avant, une sorte de manteau cendré. 4—6 mill........
.... *** decoratus** Fairm.

4. Écusson entièrement noir-velouté. Région infra-scutellaire des élytres presque dénudée. 4—6 mill...   **3. dentatus** Fourc.

— Écusson avec une bande médiane pâle ou blanchâtre. Région scutellaire des élytres à pubescence serrée. 6—7 mill...... 5.

5. 4e art. des antennes à pubescence moitié blanche, moitié noire ou brune. Prothorax sans relief poli sur sa ligne médiane. Pubescence des élytres formant en avant un large manteau blanc.................... **4. hispidulus** Pill.

— 4e art. des antennes à pubescence presque entièrement unicolore. Prothorax avec un relief poli sur sa ligne médiane. Pubescence des élytres marbrée ou d'un gris sale dès la base... 6.

6. Surface des élytres parsemée seulement de crins assez courts et recourbés en arrière..................... *** Caroli** Muls.

(1) Linné paraît avoir confondu primitivement sous un seul numéro (Fn. Suec., ed. 1) deux espèces de *Pogonochaerus*; la diagnose de son *hispidus* (Syst. Nat., ed. X, 1, p. 391) « *thorace spinoso, elytris subpraemorsis, punctisque tribus hispidis, antennis hirtis longioribus* » ne permet pas de fixer la synonymie.

— Surface des élytres toute hérissée de longs poils flexibles....
.... * **Perroudi** Muls.

39. Genre **Deroplia** Rosenhauer, 1847.

Syn. *Belodera* J. Thoms., 1864. — *Stenosoma* || Muls., 1839. — *Steni-dea* || Muls., 1842. — *Blabinotus* ‡ J. Thoms (*nec* Woll.).

Genre propre aux contrées chaudes, représenté en Europe par deux espèces, dont l'une seulement, *Genei* Arrag., remonte jusqu'à Fontainebleau.

Les *Deroplia* vivent dans les branchages desséchés, et bien souvent, à les voir immobiles, les membres contractés et les antennes croisées en forme de 8 sur les élytres, on les prendrait eux-mêmes pour des brindilles de bois mort.

Espèces françaises.

Sommet de chaque élytre tronqué obliquement. Duvet des élytres
    nébuleux, voilant à peine la couleur rougeâtre des téguments.
    Front peu creusé entre les antennes. 6 1/2—9 mill. **1. Genei** Arrag.

Sommet de chaque élytre arrondi. Duvet des élytres serré, gris
    jaunâtre, avec quelques traces de lignes longitudinales brunes
    souvent interrompues. Front très creusé entre les antennes.
    6—11 1/2 mill........................... * **Troberti** Muls.

40. Genre **Haplocnemia** Steph., 1831. (Duv., Gen. Col., IV, 2, tab. 50, f. 234.)

Syn. *Aphelocnemia* Steph., 1832. — *Mesosa* Serv., 1835.

Métam. : Schiödte, Nat. Tidsskr., X (Metam. El., IX), p. 436 et 450, tab. 17, f. 19-20. — Perris, Larves (1877), p. 491, fig. 501-505.

Insectes peu nombreux, de taille moyenne et de forme trapue, vivant dans le bois sec et friable des branches mortes (*Quercus, Populus, Tilia,* etc.).

Espèces françaises.

Prothorax et élytres ornés de taches d'un noir velouté, cerclées
    de jaune. Élytres larges, granuleuses en avant. Mésosternum
    protubérant. 10—17 mill.............. **1. curculionoides** L.
Prothorax et élytres sans taches ocellées. Élytres oblongues,

ponctuées dès la base. Mésosternum non protubérant. 9—14
mill.................................... **2. nebulosa** Fabr.

41. Genre **Anaesthetis** Muls., 1839. (Duv., Gen. Col., IV, 2, tab. 50, f. 235.)

Métam. : Perris, Larves (1877), p. 495, fig. 508.

L'unique espèce européenne est crépusculaire et se tient, pendant le jour, le long des menues branches, sur les Amentacées maladives ou rabougries (*Quercus, Castanea, Corylus, Alnus, Salix*); sa larve pénètre dans le bois et s'y creuse une galerie cylindrique.

A. testacea Fabr., 1781. — Allongé, cylindrique, légèrement pubescent, assez luisant, noir. Prothorax souvent roussâtre, très ponctué, de forme un peu variable. Élytres d'un roux fauve, à ponctuation profonde, très serrée. — ♀. 5e segment ventral terminé par une échancrure précédée d'une impression garnie de poils serrés. — Long. 5 1/2—9 mill.

42. Genre **Saperda** Fabr., 1775. (Duv., Gen. Col., IV, 2, tab. 51, f. 239-241 ; tab. 52, f. 243.)

Syn. *(ad partem)* Compsidea Muls., 1839. — *Anaerea* Muls., 1839. — *Amilia* Muls., 1863. — *Saperda* (s.-g. *Argalia*) Muls., 1863.

Synopsis : Ganglbauer, Bestimm.-Tabell., VIII, p. 114. — *Métam. :* Perris, Larves (1877), p. 505. — (cf. Rupertsberger, Biol. der Käf., p. 242.)

Insectes de mœurs et d'aspects assez divers, relativement nombreux dans l'hémisphère boréal et vivant dans le tronc ou les branches de différents arbres (Salicinées, arbres fruitiers, etc.); l'un d'eux, *S. carcharias* L., dévaste parfois les jeunes plantations de Peupliers.

ESPÈCES FRANÇAISES.

1. Face subconvexe (*Compsidea* Muls.). Prothorax avec une bande latérale de duvet jaunâtre. Élytres avec une série irrégulière de 4 ou 5 taches de duvet pâle. 9—14 mill. **1. populnea** L.

— Face très aplatie.................................... 2.

2. Élytres couvertes d'un duvet fauve ou cendré et criblées de points dénudés d'un noir brillant...................... 3.

— Élytres couvertes de dessins découpés ou ornées de 4 ou
6 taches noires. 12—18 mill........................... 4.

3. Derniers articles des antennes entièrement cendrés. Sommet
de l'élytre terminé par une sorte de petite pointe (*Anaerea*
Muls.). 22—28 mill..................... **2. carcharias** L.

— Derniers articles des antennes aussi nettement annelés de
noir que les précédents. Sommet de l'élytre arrondi (*Amilia* Muls.). 15—21 mill.................... **3. similis** Laich.

4. Élytres couvertes de dessins (soufrés ou blancs) très découpés, comprenant une bande suturale rameuse, quelques
taches latérales et un liséré marginal. Antennes annelées de
noir (*Saperda s. str.*)..................... **4. scalaris** L.

— Élytres ornées de quelques taches noires sur fond de duvet
pâle (1), ordinairement d'un vert tendre (*Argalia* Muls.).. 5.

5. Ventre avec une série de taches latérales noires. 6 taches
noires sur le prothorax et autant sur chaque élytre.......
.... **5. punctata** L.

— Ventre sans taches. 4 taches noires sur le prothorax et autant
sur chaque élytre.................. **6. octopunctata** Scop.

43. Genre Tetrops Steph., 1831. (Duv., Gen. Col., IV, 2,
tab. 52, f. 245.)

Syn. *Polyopsia* Muls., 1839.

Métam. : Perris, Larves (1877), p. 497, fig. 514-517.

L'unique *Tetrops* français est un petit insecte qu'on prend souvent, au
printemps, sur les haies vives et les buissons ; sa larve vit dans le menu
bois de plusieurs Rosacées (*Crataegus, Pirus, Rosa*).

T. praeusta Linné, 1758. — Allongé, cylindrique, luisant à travers la pubescence, noir. Élytres ordinairement fauves, à sommet
noir (2). Pattes fauves, les intermédiaires et surtout les postérieures très
souvent en partie noires. — Long. 3—5 mill.

(1) Ici viendrait se placer *S. perforata* Pallas (*Seydli* Fröl.), qui se reconnaît aux dessins noirs de l'élytre composés de cinq taches dorsales et d'un
point latéral, séparés par une bande longitudinale partant de l'épaule et abrégée
en arrière.

(2) On trouve quelquefois, aux environs de Paris, une variété à élytres entiè-

44. Genre Stenostola Muls., 1839. (Duv., Gen. Col., IV, 2, tab. 52, f. 246.)

Larve : Schiödte, Nat. Tidsskr., X (Metam. El., IX), p. 439, tab. 18, f. 17-18.

Le genre se réduit à quelques espèces réparties entre l'Europe et l'Asie septentrionale ; la nôtre ressemble à certains petits *Agapanthia* ; on la trouve surtout dans les bois frais ; d'après Schiödte, sa larve vit dans les branches du *Salix caprea*.

S. ferrea Schrank, 1776. — Allongé, subdéprimé, d'un noir ardoisé ou légèrement métallique, à pubescence dressée et duvet gris ; face, côtés du prothorax, écusson et côtés de la poitrine à duvet blanchâtre. Prothorax carré. Élytres subélargies un peu avant le sommet. — ♂. Antennes un peu plus longues que le corps ; 5ᵉ segment ventral subtronqué au sommet. — ♀. 5ᵉ segment avec un trait longitudinal. — Long. 9—12 mill.

45. Genre Oberea Muls., 1839 (Duv., Gen. Col., IV, 2, tab. 53, f. 247.)

Synopsis : Ganglbauer, Bestimm.-Tabell., VIII, p. 147. — *Métam.* (cf. Rupertsberger, Biol. der Käf., p. 243). — Xambeu, Ann. Soc. linn. Lyon, XXIX, p. 133-135.

Le genre *Oberea* est nombreux et à grand habitat ; ses espèces se font remarquer par leur forme longue et étroite et leurs couleurs bien tranchées. Elles sont diurnes et vivent sur des végétaux très divers (*oculata* L., sur les *Salix* ; *pupillata* Gyll., sur les Caprifoliacées ; *linearis* L., sur les *Corylus* ; *erythrocephala* Schrank, sur des *Euphorbia* ; etc.).

Les différences sexuelles portent sur la forme du 5ᵉ segment ventral et de ses impressions, parfois aussi (par exemple chez *pupillata* Gyll.) sur la disposition des taches de l'abdomen.

rement fauves et, bien plus rarement, une variété à élytres largement bordées de noir à la base, au sommet et sur les côtés.

La var. *gilvipes* Fald., à élytres noires et pattes entièrement fauves, se retrouve dans les Alpes-Maritimes ; les exemplaires de cette provenance sont identiques à ceux du Caucase.

Espèces françaises (1).

1. Épipleures jaunes ou orangés, au moins en avant.......... 2.

— Épipleures noirs dès la base. Tête et prothorax tantôt rougeâtres, tantôt noirs ou variés de rouge et de noir. Abdomen
en partie rougeâtre. Lobe inférieur de l'œil relativement
petit. 9—14 mill............... 4. **erythrocephala** Schrk.

2. Thorax, écusson et dessous du corps entièrement ou en majeure partie orangés. 16—20 mill...................... 3.

— Thorax, écusson et dessous du corps entièrement noirs.
11—14 1/2 mill............................ 3. **linearis** L.

3. Dessous du corps tout roux. Prothorax orné de 2 points noirs
dorsaux. Élytres sans tache jaune à la base..... 1. **oculata** L.

— Dessous du corps teinté de noir sur les 3 premiers segments
ventraux, au sommet de l'abdomen et sur les flancs du
sternum. Prothorax orné de 2 points noirs *latéraux.* Élytres
teintées de jaune à la région scutellaire. — ♂. Pygidium
bordé de noir, 5e segment ventral largement noir, 4e imma-
culé. — ♀. Pygidium bordé de noir, 5e segment taché en
forme d'ancre, 4e avec un trait noir....... 2. **pupillata** Gyll.

46. Genre **Phytoecia** Muls., 1839. (Duv., Gen. Col., IV, 2,
tab. 53, f. 248 ; tab. 54, f. 252.)

Syn. *(ad partem) Opsilia* Muls., 1863 (*Hoplotoma* Per. Arcas, 1874). —
Musaria J. Thoms., 1864.

Synopsis : Ganglbauer, Bestimm.-Tabell., VIII, p. 119. — *Métam.*
(cf. Rupertsberger, Biol. der Käf., p. 243).

Les *Phytoecia*, surtout nombreux dans la région méditerranéenne,
vivent exclusivement sur des plantes herbacées (Composées, Borraginées, Ombellifères) et se développent dans les tiges, au collet de la racine ; ils sont essentiellement diurnes ; la plupart varient de taille et de
coloration.

Les mâles, souvent plus sveltes que les femelles, portent, chez
quelques espèces, une épine aux hanches postérieures ou, plus rare-

______
(1) Espèces signalées de France par erreur : *O. euphorbiae* Germ. (de Hongrie) et *O. Mairei* Chevr. (d'Amérique?).

ment (1), une dent saillante sur quelques-uns des segments ventraux. Chez les femelles, le segment anal présente, en avant, un petit trait sulciforme.

ESPÈCES.

1. Élytres avec une tache rouge sous l'épaule.................. 2.

— Élytres sans tache rouge sous l'épaule. Tête noire.......... 3.

2. Tête et prothorax rouges, à plaques noires ponctiformes. Pattes et abdomen en partie rouges. — ♂. Hanches postérieures avec une petite saillie dentiforme. — 8—13 1/2 mill....................... 1. **rubro-punctata** Göze.

— Tête noire. Prothorax orné, sur le disque, de deux points noirs luisants. 10 1/2—15 mill................... * **affinis** Panz.

3. Abdomen bicolore (pygidium et segment anal rougeâtres). Prothorax presque toujours avec une tache dorsale rougeâtre. 7—10 mill............................. 4.

— Abdomen tout noir. Prothorax sans tache rougeâtre......... 5.

4. 3ᵉ art. des antennes aussi long et de même forme que le 4ᵉ. Tache du prothorax ovale ou arrondie et située en avant. — ♂. Hanches postérieures armées d'une épine en dedans. .... 2. **virgula** Charp.

— 3ᵉ art. des antennes un peu moins allongé que le 4ᵉ et de forme différente. Tache du prothorax allongée, à égale distance des bords antérieurs et postérieurs. — ♂ ♀. Hanches postérieures sans épine............. * **pustulata** Schrk. (2).

5. Fémurs antérieurs complètement ou en partie roux......... 6.

— Fémurs tout entièrement noirs...................... 7.

6. Fémurs intermédiaires et postérieurs en majeure partie roux. 7 1/2—11 mill...................... 3. **ephippium** Fabr.

— Fémurs intermédiaires et postérieurs entièrement noirs. 6—10 mill...................... 4. **cylindrica** L.

______

(1) Ex. : *P. trilineata* Schh. (*uncinata* Redt.), *P. malachitica* Lucas (*Bolivari* Per. Arcas), etc.

(2) Syn. *lineola* Fabr., 1781. — France méridionale ; dans les tiges d'*Achillea Millefolium* (Perris, *in* Ann. Soc. ent. Fr., 1876, p. 185). — Espèce citée par erreur (*in* Rev. d'Entom., 1884, p. 382) de Normandie, et sans doute aussi de Reims et de Dijon.

7. Hanches antérieures surmontées, en dedans, d'une très petite
pointe. Élytres couvertes de duvet gris, sans poils relevés
sauf à l'extrême base, taillées chacune un peu obliquement
au sommet. Tibias antérieurs presque roussâtres (vus par
transparence). — ♂. Hanches postérieures armées d'une
épine en dedans. — 6—12 mill........ 5. **nigricornis** Fabr.

— Hanches antérieures inermes. Élytres garnies de poils soulevés (visibles de profil), arrondies ou en ogive au sommet.
Lobes de l'œil paraissant détachés l'un de l'autre derrière
l'antenne (*Opsilia* Muls.)............................. 8.

8. Mandibules terminées en pointe aiguë (1). Téguments d'un
bleu ou d'un vert submétallique, à peine voilés par un duvet cendré ; ponctuation très apparente, très serrée et très
régulière, surtout sur le prothorax. 4 1/2—7 mill........
.... 6. **molybdina** Dalm.

— Mandibules à sommet bifide ou échancré. Téguments non métalliques, noirs ou ardoisés, couverts d'un duvet de nuance
variable (vert tendre ou bleuâtre, gris cendré, gris jaune.
etc.). 6—13 1/2 mill............... 7. **caerulescens** Scop.

47. Genre **Agapanthia** Serv., 1835.

Métam. : Perris, Larves (1877), p. 498-505. — (cf. Rupertsberger.
Biol. der Käf., p. 244).

Les *Agapanthia* sont propres aux régions un peu chaudes ou tempérées de la zone paléarctique ; ils vivent sur divers genres de plantes
annuelles (Carduacées, Ombellifères, etc.) et se tiennent, en plein jour,
le long des tiges ou volent au soleil. Quelques espèces sont polyphages ;
la plupart varient beaucoup.

Les larves, de forme très singulière (cf. Perris, loc. cit., fig. 518),
creusent leur galerie dans la partie médullaire des tiges et se transforment sur place.

ESPÈCES FRANÇAISES.

[Long. 7—23 mill.]

1. Prothorax sans plis transversaux........................... 2.

— Prothorax finement plissé en travers. Élytres noir-bleu, ordi-

____
(1) Comme chez toutes les espèces précédentes.

nairement semées de mouchetures de duvet blanc........
.... * **irrorata** Fabr.

2. Élytres sans liséré de duvet blanc le long de la suture......   3.

— Élytres avec une étroite bordure de duvet blanc le long de la
    suture.. 4. **cardui** L.

3. Prothorax à trois bandes longitudinales de duvet jaune ou
    blanchâtre..   4.

— Prothorax sans bandes de duvet pâle. Insecte bleu, bleu vert
    ou violet métallique; pattes et art. 1-2 des antennes de
    même couleur........................... 1. **violacea** Fabr.

4. 3e art. des antennes seulement garni, en dessous, de poils
    fins, également répartis..............................   5.

— 3e art. des antennes orné, en dessous, d'une houppe terminale
    de poils noirs ....   7.

5. Élytres garnies seulement en avant de longs poils dressés,
    visibles de profil. Art. 3-12 des antennes à fond noir ou
    roussâtre par transparence...........................   6.

— Élytres garnies sur toute leur étendue de longs poils dressés
    visibles de profil. Art. 3-12 des antennes presque toujours
    d'un fauve roux, tachés de noir au sommet; 1er art. pubes-
    cent de gris jaune en dessus............. * **asphodeli** Latr.

6. 3e art. des antennes revêtu de duvet noir sur son dernier
    tiers au plus. Insecte très variable (1)..................
    .... 3. **villoso-viridescens** Deg.

— 3e art. des antennes revêtu de duvet noir, sauf à la base....
    .... * **cynarae** Germ.

7. Pubescence des élytres en couche inégale. Dernier article des
    tarses postérieurs à peine égal au 1er seul..... 2. **Dahli** Richt.

— Pubescence des élytres en couche uniforme. Dernier article des
    tarses postérieurs aussi long que les deux premiers articles
    réunis................................... * **Kirbyi** Gyll.

(1) Les *A. acutipennis* Muls. et *pyrenaea* Bris. se rapportent au *villoso-viridescens* Deg. (*angusticollis* Gyll.) et non au *cynarae* Germ., comme on le croyait d'abord.

CATALOGUE DES CERAMBYCIDAE.

1ʳᵉ Tribu. Spondylini.

1. Genre **Spondylis** Fabr., 1775, Syst. Ent. [char. gen., p. 3], p. 159.
(Voyez p. 3.)

S. buprestoides Linné, 1758, Syst. Nat., ed. X, I, p. 388; — Muls., Longic., ed. 1, p. 17, tab. 1, f. 2; ed. 2, p. 38; — Ratzeburg *(métam.)*, Forstins., I, p. 190, tab. 17, f. 12; — Perris *(id.), in* Ann. Soc. ent. Fr., 1856, p. 440, fig. 351-358.

Grands bois d'Abiétinées!. La larve se développe ordinairement sous l'écorce des vieilles souches de Pins; la femelle pond en juillet (Perris). — *R.* (naturalisé dans quelques plantations anciennes).

« Très rare aux environs de Paris » (Olivier, 1795). — S.-et-M. : forêt de Fontainebleau (Poujade!). — Marne : Boursault, près Épernay (Ch. Demaison). — Oise : forêt de Compiègne!. — Somme : Péronne (Germiny). — S.-Inf. : forêt de Rouvray (Bourgeois!).

Europe [de Scandinavie aux Pyrénées et en Grèce]. Caucase (Leder). Sibérie (Cat. Heyden). Japon (Kraatz).

2ᵉ Tribu. Prionini.

2. Genre **Prionus** Müller, 1764, Fauna Fridr., p. xv.
(Voyez p. 4.)

P. coriarius Linné, 1758, Syst. Nat., ed. X, I, p. 389; — Muls., Longic., ed. 1, p. 21; ed. 2, p. 44; — Rösel *(métam.)*, Ins. Belust., II, cl. 2, p. 17-20, tab. II, f. 3-6; — Schiödte *(larve), in* Nat. Tidss., X (Met. El., IX), p. 396, tab. 12, f. 1-12; — Fromont *(mœurs), in* Ann. Soc. ent. Belg., XXVIII, p. CLXXIV. — *prionus* Degeer, 1775.

Bois, bosquets, etc.; au pied des vieux arbres et sur les gros troncs abattus *(Quercus!, Fagus, Aesculus, Fraxinus, Ulmus)*; sort surtout le soir. La larve se transforme en nymphe dans le sol, après s'être enfermée dans une grosse coque de terre (Rösel). — Été. — *A.R.*

Seine : Bois-de-Boulogne !, du côté d'Auteuil. — Seine-et-Oise : Marnes (Seyrig) ; Bellevue ! ; Chaville (Cayol) ; Clagny (d'Orb.!) ; Marly (S^te-Cl.-Deville) ; St-Germain (Ch. Bris.!). — S.-et-M. : Fontainebleau !. — [Loiret] : env. de Gien (Pyot). — Yonne : Villemanoche (Tavoillot) ; St-Sauveur (Rob.-Desv.). — Côte-d'Or : Rouvray (Emy) ; etc. — Aube : Troyes (Le Gd.!) ; St-Mards-en-Othe (Laverdet). — Somme : Ailly-sur-Somme (Obert) ; Boves (Le Correur) ; Dury (Delaby) ; bois de Port et de Laviers (Marcotte). — S.-Inf. : Duclair (Le Bout.) ; St-Aubin-juxte-Boulleng (Levoit.). — Eure : Bueil, bois de Breuilpont (Rég.). — Calv. : château des Isles-Bardel (Brébisson) ; Vire (Fauvel). — Manche : St-Sauveur-Lendelin (id.). — Orne (id.) ; etc.

Europe [d'Angleterre et de Scandinavie jusqu'en Grèce] ; Caucase (Leder) ; Batoum (Ch. Martin !). Algérie orientale !.

3. Genre **Aegosoma** Serv., 1832, *in* Ann. Soc. ent. Fr., 1832, p. 162. — (Voyez p. 4.)

A. scabricorne Scop., 1763, Ent. Carn., p. 54, fig. 174 ; — Muls., Longic., ed. 1, p. 24 ; ed. 2, p. 51 ; — Muls. et Gacogne *(métam.). in* Ann. Soc. linn. Lyon, 2 (1855), p. 149 (Opusc. VI, p. 79) ; — Döbner *(id.), in* Berlin. ent. Zeit., 1862, p. 64, tab. 3, f. 1-2 ; — Perris *(id.),* Larves (1877), p. 418, fig. 407-410. — *ferrugineum* * Fourc., 1785.

Avenues, forêts, etc. ; dans la plupart des vieux arbres non résineux : Amentacées (*Fagus, Quercus, Castanea, Carpinus, Juglans !, Populus, Salix), Tilia,* Pomacées (*Pirus Malus, Prunus Cerasus*) ; la larve vit dans les mêmes arbres ; l'adulte est nocturne. — Fin juillet-septembre. — R.

Paris [accidentellement]. — S.-et-O. : Palaiseau (P. Léveillé !) ; St-Germain (Fairm.). — S.-et-M. : forêt de Fontainebleau !. — [Loiret] : env. de Gien (Pyot) ; St-Denis-en-Val (Auvert). — Yonne (1) : Sens (Lori-ferne) ; Auxerre (Nicolas) ; Châtel-Censoir (Cotteau) ; St-Sauveur (Rob.-Desv.). — [Côte-d'Or] : Dijon (Serville, Rouget). — Aube : Troyes (d'Antessanty). — Eure : Louviers (Dr Carnus). — S.-Inf. : Orival (Levoit.).

Europe moyenne et méridionale [Grèce]. Caucase (Leder) ; Lenkoran (Radde).

____

(1) Cité par erreur d'Avallon (*in* Rev. d'Ent., 1884, p. 363).

3° Tribu. **Cerambycini.**

4. Genre **Rhagium** Fabr., 1775, Syst. Ent. [char. gen., p. 7], p. 182.
(Voyez p. 9.)

1er GROUPE (*Hargium* Samouelle, 1819).

1. R. sycophanta Schrank, 1781, Enum. Ins. Austr., p. 137 ; —
Ganglb., Best.-Tabell., VII, p. 40. — *mordax* ‖ Fabr., 1792 ; — Muls.,
Longic., ed. 1, p. 224 ; ed. 2, p. 453 ; — Heeger *(métam.)*, *in* Sitz. Ak.
Wiss. Wien, 1858, p. 104, tab. 2 ; — Schiödte *(id.)*, *in* Nat. Tidss., X
(Met. El., IX), p. 418 et 445, tab. 17, f. 1-7. — *scrutator* Ol., 1795. —
grandiceps Thoms., 1866. — *inquisitor* ‡ Fourc. (*nec* Linné).

Sur les souches des Chênes (*Quercus Robur*, etc.!), où vit sa larve ;
éclôt en automne et sort au printemps. — *C.*

Tout le bassin de la Seine. — Presque toute l'Europe. Sibérie occidentale.

C'est l'« *inquisitor* » du Cat. Le Grand ! et le « *mordax* » des cata-
logues classés d'après Mulsant.

2. R. mordax Degeer, 1775, Mém., V, p. 124, tab. 4, f. 6 ; —
Ganglb., Best.-Tabeil., VII, p. 40. — *Linnei* Laich., 1784 ; — P. de
Borre *(mœurs)*, *in* Ann. Soc. ent. Belg., XXV, tab. v, f. 1-2. — *inquisitor* ‡ Panz. (*nec* Linné) ; — Muls., Longic., ed. 1, p, 225 ; ed. 2,
p. 454 ; — Schiödte *(métam.)*, *in* Nat. Tidss., X (Met. El., IX), p. 419
et 445. — *bifasciatum* ‡ Schrank.

Forêts froides ; sur les divers arbres où vit sa larve : *Quercus* (Norguet,
P. de Borre), *Acer pseudo-platanus* (E. Blanc), *Fagus, Betula, Pinus* et
Abies pectinata (Schiödte) ; parfois aussi sur les fleurs de *Crataegus* !,
de *Viburnum Opulus* et de *Sambucus Ebulus* (E. Blanc). — R. (dans la
région parisienne).

Seine : Bondy (Hénon !). — Yonne : St-Florentin (La Brûlerie) ; Saint-
Sauveur (Rob.-Desv.). — Côte-d'Or : Rouvray (Emy) ; etc. — [Nièvre] :
La Machine ; Songy (E. Blanc !). — Aube : St-Mards-en-Othe (Laverdet). — Somme : forêt de Crécy (d'Halloy). — Oise : forêt de Compiègne !. — S.-Inf. : Orival (Levoit.). — Orne : env. de Lhome
(d'Orb. !).

Europe, surtout dans les parties froides ou subalpines. Sibérie occidentale.

2ᵉ GROUPE (*Rhagium s. str.*).

3. R. bifasciatum Fabr., 1775, Syst. Ent., p. 183 ; — Muls., Longic., ed. 1, p. 222 ; ed. 2, p. 458 ; — Ganglb., Best.-Tabell., VII, p. 40 ; — Perris *(métam.)*, Larves (1877), p. 528, fig. 538-546 ; — cf. Rupertsberger, Biol. der Käf., p. 245. — *maculatum* Fuesslin, 1775. — *elegans* Schrank, 1781. — *parisinum* * Fourc., 1785.

Châtaigneraies et forêts ; se développe dans le bois décomposé des *Castanea !*, des *Quercus* (Schiödte), des Abiétinées, etc. — *A.C.* (par places).

Seine : Bois-de-Boulogne (Ch. Martin !). — S.-et-O. : bois de Meudon ! ; Marnes (Seyrig) ; Chambourcy (Ch. Bris.!) ; Montmorency (d'Orb.!). — Yonne : Sᵗ-Sauveur (Rob.-Desv.). — Côte-d'Or : Rouvray (Emy).

D'Angleterre en Espagne : Guadarrama (Ch. Martin !) ; Allemagne ; Grèce. Caucase (Leder !).

5. Genre **Rhamnusium** Latr., 1829, *in* Cuvier, Règne anim., ed. 2, V, p. 130. — (Voyez p. 10.)

R. bicolor Schrank, 1781, Enum. Ins. Austr., p. 132 ; — Muls., Longic., ed. 2, p. 450 ; — Kolbe *(métam.)*, *in* Ent. Nachr., X, p. 278. — *glaucopterum* Schall., 1783. — *ruficolle* Herbst, 1784. — *rubro-violaceum* * Fourc., 1785. — *salicis* Fabr., 1787 ; — Muls., Longic., ed. 1, p. 220 ; — Candèze *(larve)*, *in* Mém. Soc. sc. Liége, VIII, p. 589, tab. 8, f. 5. — *etruscum* Rossi, 1790.

Avenues, parcs, etc.; sur le tronc des *Ulmus* (Candèze), *Aesculus !* et *Tilia* (Rouget). — Mai-juillet. — *A.R.* (1).

Tout le bassin de la Seine. — Baltique ; Europe moyenne et méridionale [Espagne, Naples, Grèce] ; Sibérie (Ménétriés).

6. Genre **Stenochorus** Müller, 1764, Fn. Fridr., p. xvi. (Voyez p. 11.)

S. meridianus Linné, 1758, Syst. Nat., ed. X, I, p. 398 ; — Muls., Longic., ed. 1, p. 234 ; ed. 2. p. 469. — *chrysogaster* Schrank, 1781.

(1) Autrefois commun dans l'intérieur de Paris !, où il tend à disparaître.

Les exemplaires à élytres rouges (var. *glaucopterum* Schall.) sont plus rares que le type.

— *cantharinus* Herbst, 1784. — *geniculatus* * Fourc., 1785. — *sericeus* Ol., 1795.

Ordinairement sur les arbres fruitiers ; aussi sur diverses fleurs (*Rubus, Cornus,* etc.). Métamorphoses inconnues ? (1). — Mai, juin. — A.C.

Tout le bassin de la Seine (2). — Europe septentrionale et moyenne. Caspienne (Radde). Sibérie (Cat. Heyden)?.

7. Genre **Acmaeops** Leconte, 1850, *in* Agassiz, Lake super., IV, p. 235. — (Voyez p. 11.)

A. (Dinoptera) collaris Linné, 1758, Syst. Nat., ed. X, I, p. 398 ; — Muls., Longic., ed. 1, p. 247 ; ed. 2, p. 495 ; — Perris *(métam.),* Larves (1877), p. 533, fig. 550-555. — *silvestris* * Fourc., 1785.

Bois et buissons. Sur les fleurs de *Viburnum*!, *Crataegus,* etc. La larve, observée par Perris sous l'écorce soulevée de vieux piquets de Châtaignier, se transforme sous terre ; l'éclosion a lieu en avril. — *CC.*

Tout le bassin de la Seine. — Toute l'Europe. Caucase. Sibérie occidentale (Gebler).

8. Genre **Cortodera** Muls., 1863. Longic., ed. 2, p. 570 et 572. (Voyez p. 12.)

C. humeralis Schaller, 1783, *in* Abhand. nat. Ges. Hal., I, p. 297. — *quadriguttata* Fabr., 1787. — *suturalis* Fabr., 1787. — *spinosula* Muls., 1839.

(1) Perris (Larves de Coléoptères, p. 531, fig. 547-549) a décrit une larve trouvée dans un Cerisier par M. Valéry Mayet et qu'il attribue, par élimination, à l'*Oxymirus cursor* L.; or l'*Oxymirus* est propre aux Sapins et n'existe pas, suivant M. Mayet, dans la localité d'où provient cette larve; il est donc bien possible qu'en réalité la description s'applique au *Stenochorus meridianus* L., dont Perris ne parle pas.

(2) La forme décrite par Linné (« *nigra, abdomine, pedibus basique elytrorum flavis* »), la var. *cantharinus* Herbst (*geniculatus* Fourc.), à élytres noires et pattes en majeure partie rousses, et la variété à élytres fauves sont de beaucoup les plus répandues.
La var. *chrysogaster* Schrank, presque toute noire, est signalée de Rouen, de Poissy et de l'Aube, et c'est elle sans doute qui figure sous le nom de « *Toxotus dispar* » au Catalogue des Longicornes de Saint-Sauveur (Yonne), par Robineau-Desvoidy (p. 30).

Var. *suturalis* Fabr. — Dans les bois ; sur les *Quercus* et *Crataegus* en fleur. — Mai. — A.C.

Seine : Bois-de-Boulogne !. — S.-et-O. : Meudon ; Chaville (Mp.!) ; forêts de Marly ! et de St-Germain ; Méry-sur-Oise (Rég.). — S.-et-M. : forêt de Fontainebleau !. — Côte-d'Or : Rouvray (Emy); etc. — Oise : forêt de Compiègne ! — Somme : Ham (Scalabre).

France orientale ; Allemagne ; Alpes. Caucase (Leder); Lyrik (Radde).

C'est le « *Pidonia lurida* » cité de Rouvray (*in* Rev. d'Ent., 1884, p. 329).

9. Genre **Grammoptera** Serv., 1835, *in* Ann. Soc. ent. Fr., 1835, p. 215. — (Voyez p. 12.)

1er GROUPE (*Grammoptera s. str.*).

1. **G. ruficornis** Fabr., 1781, Sp. Ins., p. 247 ; — Muls., Longic., ed. 1, p. 295 ; ed. 2, p. 577 ; — Perris *(larve), in* Ann. Soc. ent. Fr., 1847, p. 551, tab. 9, ii, fig. 8-13. — *laevis* Herbst, 1784. — ? *rufipes* Göze, 1777. — ? *parisina* Thunb., 1784. — ? *clavipes* Fourc., 1785.

Buissons, haies vives, etc.; souvent sur les arbustes en fleur. La larve, qui paraît polyphage, a été observée dans les tiges mortes des *Hedera helix!* et *Hibiscus syriacus* (Perris). — Éclôt en avril et mai. — C.

Tout le bassin de la Seine. — Toute l'Europe.

2. **G. ustulata** Schaller, 1783, *in* Abhand. nat. Ges. Hal., I, p. 298 ; — Muls., Longic., ed. 2, p. 581 ; — Perris *(métam.),* Larves (1877), p. 544, fig. 565-573. — *splendida* Herbst, 1784. — *praeusta* Fabr., 1787 ; — Muls., Longic., ed. 1, p. 296.

Dans les bois, sur les arbres et les buissons en fleur. La larve vit dans les menues branches des *Quercus* et *Castanea* (Perris). — Mai, juin. — A.C.

S.-et-O. : Versailles (Nicolas) ; forêt de Marly ! ; L'Étang-la-Ville (Ste-Cl.-Deville); St-Germain (Ch. Bris.!). — S.-et-M. : forêt de Fontainebleau !. — Yonne : St-Sauveur (Rob.-Desv.). — Côte-d'Or : Rouvray (Emy); etc. — Aube : Troyes (d'Antessanty). — Oise : forêt de Compiègne!; Ivry ; Monts (L. Carp.). — Somme : Montdidier (E. Colin). — Calv. : St-Julien-sur-Calonne (Fauvel).

Toute l'Europe. Caspienne (Radde).

3. **G. variegata** Germar, 1824, Ins. Sp. Nov., p. 522 ; — Ganglb., Best.-Tabell., VII, p. 30. — *analis* Panz., 1829-30 ; — Muls., Longic., ed. 1, p. 294 ; ed. 2, p. 579 ; — Heyden, *in* Deut. ent. Zeit., 1876, p. 320. — *abdominalis* Steph., 1831. — *femorata* ‡ Muls.

Dans les bois. Suivant Perris (Larves, p. 546), la larve vit dans les mêmes conditions que celle du *G. ustulata.* — Mai, juin. — *A.R.*

Seine : Bois-de-Boulogne !. — S.-et-O. : Chaville (Mp.!) ; Versailles (Dubois) ; forêts de Marly et de St-Germain ! ; Montlignon (Mp.!) ; Méry-sur-Oise (Rég.). — S.-et-M. : forêt de Fontainebleau !. — Yonne : Avallon !. — Côte-d'Or (1) : Rouvray (Emy) ; etc. — Aube : Lusigny (Le Gd.!) ; Vendeuvre, S[t]-Benoît-sur-Vanne (d'Antessanty). — Oise : Marivault (L. Carp.). — Somme : Marcelcave, près Amiens (Delaby).

Europe moyenne. Caucase (Leder). Sibérie occidentale (Gebler).

2[c] GROUPE (*Allosterna* Muls.).

4. **G. tabacicolor** Degeer, 1775, Mém., V, p. 139 ; — Muls., Longic., ed. 2, p. 576. — *chrysomeloides* Schrank, 1781. — *solstitialis* Herbst, 1784. — *laevis* Fabr., 1792 ; — Muls., Longic., ed. 1, p. 291.

Dans les bois ; sur les buissons en fleur, l'*Anthriscus silvestris,* etc. Paraît polyphage (2). — Avril-mai. — *C.*

Tout le bassin de la Seine. — Toute l'Europe. Caucase. Sibérie.

10. Genre **Leptura** Linné, 1758, Syst. Nat., ed. X, I, p. 342 et 397.
(Voyez p. 13.)

1er GROUPE (*Anoplodera* Muls., 1839).

1. **L. rufipes** Schaller, 1783, *in* Abhand. nat. Ges. Hal., I, p. 296 ; — Muls., Longic., ed. 1, p. 286 ; ed. 2, p. 568.

Dans les bois, sur les arbres et les buissons en fleur (*Quercus, Crataegus,* etc.). — Mai, juin. — *RR.*

---

(1) Le « *G. quadriguttata* var. *femorata* » cité de Rouvray (Cat. Rouget, p. 275 et le « *Cortodera femorata* » cité de Dijon (*in* Rev. d'Ent., 1884, p. 389) se rapportent sans doute à cette espèce.

(2) M. L. Carpentier a trouvé la larve du *G. tabacicolor* dans le tronc d'un *Salix* mort et sous l'écorce d'un *Ulmus* abattu ; Nördlinger (Nachtr. zu Ratzeb. Forst., p. 50) dit avoir obtenu l'insecte de l'*Acer campestris*.

S.-et-M. : Fontainebleau!. — Yonne : Auxerre (Nicolas). — Côte-d'Or : Rouvray (Emy). — Aube (1) : Fouchères (d'Antessanty!).

Europe septentrionale et moyenne. Caucase (Leder). Caspienne (Radde).

2. L. sexguttata Fabr., 1775, Syst. Ent., p. 198 ; — Muls., Longic., ed. 1, p. 285 ; ed. 2, p. 566. — *exclamationis* Fabr., 1792.

Dans les bois, sur les fleurs d'Ombellifères. — Juin. — *R.*

Seine : Bois-de-Boulogne, côté du Pré-Catelan (E. Blanc). — S.-et-O. : forêt de St-Germain (Ch. Bris.!) ; Versailles (Blondel, *teste* Mulsant). — Oise : Compiègne (Ch. Martin!). — Yonne : St-Sauveur (Rob.-Desv.). — Côte-d'Or : Rouvray (Emy). — Orne : forêt d'Alençon (Brébisson).

Europe septentrionale et moyenne.

2e GROUPE (*Judolia* Muls.).

3. L. cerambyciformis Schrank, Enum. Ins. Austr., p. 154 ; — Muls., Longic., ed. 2, p. 499. — *octomaculata* Schall., 1783. — *decempunctata* Ol., 1795 ; — Muls., Longic., ed. 1, p. 244. — *quadrimaculata* ‡ Scop. (*nec* Linné), 1763.

Buissons et broussailles ; sur les fleurs de *Cornus sanguinea*!, de *Rosa canina*, etc. — Juin, juillet. — *A.C.* (par places).

Yonne : Villeneuve-sur-Yonne! ; Auxerre ; Avallon ; Chatellux (Nicolas) ; St-Sauveur (Rob.-Desv.). — [Nièvre] : Glux (d'Orb.!) ; etc. — Côte-d'Or : Rouvray (Emy) ; etc. — Aube : Villemaur (d'Antessanty!) ; St-Benoît-sur-Vanne (id.). — Oise : Beauvais (S^{te}-Cl.-Deville). — Aisne : forêt de Villers-Cotterets!. — Somme : env. de Poix (Carp., Dubois) ; Doullens (Copineau) ; Roye (Obert). — S.-Inf. : forêt Verte (Mocq.). — Eure : Évreux (Rég.). — Calv. : Villers-sur-Mer!.

Europe moyenne.

3e GROUPE (*Vadonia* Muls.).

4. L. livida Fabr., 1777, Gen. Ins., p. 233 ; — Muls., Longic., ed. 1, p. 282 ; ed. 2, p. 559.

Le long des buissons, dans les prairies, etc.; sur les fleurs d'*Achillea*, de *Leucanthemum*, etc. — Mai-juillet. — *CC.*

Tout le bassin de la Seine. — Europe [sauf en Scandinavie]. Caucase. Asie Mineure. Sibérie occidentale.

(1) Voyez p. 13, note 2.

4ᵉ GROUPE (*Leptura s. str.*).

5. L. fulva Degeer, 1775, Mém., V, p. 136 ; — Muls., Longic., ed, 2, p. 556. — *lutescens* * Fourc., 1785. — *tomentosa* Fabr., 1792 ; — Muls., Longic., ed. 1. p. 276.

Prairies et buissons, sur diverses fleurs (Composées, Rosacées, Ombellifères, etc.). Éclos du bois sec d'une souche de *Populus* (L. Carpentier, *in* Bull. Soc. linn. du nord de la Fr., V, p. 248). — Juin-septembre. — *CC.*

Tout le bassin de la Seine. — Toute l'Europe. Caucase. Lenkoran (Ménétriés).

6. L. dubia Scop., 1763, Ent. Carn., p. 47, fig. 151 (♀). — *limbata* Laich., 1784. — *notata* Ol., 1795 (♂). — *cincta* Fabr., 1801 (♂) ; — Muls., Longic., ed. 1, p. 277 ; ed. 2, p. 552 ; — Perris *(larve)*, Larves (1877), p. 542, fig. 563-564.

Dans le voisinage des Abiétinées. Se développe dans l'aubier des Sapins morts (Perris). — Espèce importée, peut-être naturalisée dans quelques-unes des localités suivantes :

Seine : Nogent-sur-Marne (d'Orb.!), un ex. — Oise : Compiègne (Baillon, *teste* Mulsant). — Somme : Sᵗ-Valery-sur-Somme (M. Dubois!) ; Corbie (Boullet!). — Côte-d'Or : Rouvray (Emy).

Europe boréale et régions subalpines [jusqu'en Grèce]. Caucase. Sibérie.

7. L. erythroptera Hagenb. (1), 1822, Symb. Fn. Helv., I, p. 7, tab. 7, f. 1. — *rufipennis* Muls., 1839, Longic., ed. 1, p. 272, tab. 1, f. L, et tab. 3, f. 9 ; ed. 2. p. 542 ; — Perris *(larve)*, Larves (1877), p. 543.

Forêts de Chênes ; parfois sur les fleurs en ombelles. (La larve a été trouvée, dans le midi de la France, dans du bois décomposé de *Quercus suber*.) — Été. — *RR.*

Oise : forêt de Compiègne (Poujade!), une ♀, prise aux Beaux-Monts, le 22 juillet 1877, sur une fleur de *Sambucus Ebulus*.

Europe moyenne. Caucase (Ganglbauer).

____

(1) Robineau-Desvoidy (Col. de Saint-Sauveur, Longic., p. 34) a signalé de l'Yonne, sous le nom de « *rubro-testacea* » un *Leptura* qui pourrait bien se rapporter à cette espèce.

8. L. cordigera Fuesslin, 1775, Verz. Schweiz. Ins., p. 14. — *hastata* Sulzer, 1776 ; — Muls., Longic., ed. 1, p. 274 ; ed. 2, p. 545. — *lamed* ‡ Fourc. (*nec* Linné).

Vallées chaudes, sur les fleurs, surtout celles des Ombellifères. — Juin-août. — Probablement accidentel dans notre région (1).

Seine : Alfort, bords de la Seine (Ch. Bris.), un ex. — Yonne : Chatel-Censoir (Cotteau). — [Côte-d'Or] : vallée de l'Ouche (Rouget).

Commun dans le midi de l'Europe. Asie Mineure (Ganglbauer).

9. L. scutellata Fabr., 1781, Sp. Ins., p. 247 ; — Muls., Longic., ed. 1, p. 273 ; ed. 2, p. 550 ; — Bond (*métam.*), *in* Entom. Magaz., 1833, I, p. 212 ; — Schiödte (*nymphe*), *in* Nat. Tidss., X (Met. El., IX), p. 446. — *funerea* * Fourc., 1785. — *nigra* ‖ Petagna, 1787.

Dans les forêts, sur les Amentacées (notamment *Fagus*!, *Betula*, *Alnus*); la larve vit dans le bois mort; l'éclosion a lieu à la fin de mai ou dans les premiers jours de juin!. — A.R.

S.-et-O. : forêts de St-Germain et de Marly (Ch. Bris.!). — S.-et-M. : forêt de Fontainebleau!. — Yonne : St-Sauveur (Rob.-Desv.). — Oise : forêt de Compiègne!. — Calv. : forêt de Cérisy (Fauvel).

D'Angleterre et de Suède jusqu'en Grèce. Caucase (Leder). Caspienne (Radde).

10. L. virens Linné, 1758, Syst. Nat.. ed. X, I, p. 397 ; — Muls., Longic., ed. 1, 267 ; ed. 2, p. 536.

Dans les forêts de Sapins et sur les fleurs en ombelles. — Certainement introduit et peut-être accidentel dans notre région.

Yonne : Chatellux, près Avallon (Nicolas), un ex.; St-Sauveur (Rob.-Desv.). — Calv. : Falaise (Brébisson); Caen, dans un jardin (Fauvel), un ex.

Europe septentrionale et régions subalpines [Alpes, Pyrénées, etc.]. Sibérie.

---

(1) Latreille (1804) le cite comme une des espèces communes à Paris, sans doute par suite de confusions qui remontent au temps de Geoffroy. Il en est de même pour le Catalogue de Brébisson, dont l'indication, relative au Calvados, est certainement erronée.

5ᵉ GROUPE (*Stenura* Küster).

11. **L. melanura** Linné, 1758, Syst. Nat., ed. X, I, p. 397 ; — Muls., Longic., ed. 1, p. 265 ; ed. 2, p. 531. — *similis* Herbst, 1784 (♀). — *diversiventris* Dufour, 1843.

Broussailles, ronces, etc.; sur les fleurs de plantes très diverses (1). — Juin-septembre. — *CC.*

Tout le bassin de la Seine. — Europe. Caucase. Sibérie.

12. **L. bifasciata** Müller, 1776, Zool. Dan. Prodr., p. 93 ; — Muls., Longic., ed. 2, p. 529. — *cruciata* Ol., 1795 ; — Muls., Longic., ed. 1, p. 263.

Avec l'espèce précédente, sur les fleurs de plantes très diverses. — Mai-septembre. — *C.*

Tout le bassin de la Seine (plus rare vers le nord). — Baltique ; Europe moyenne et méridionale. Caucase. Sibérie.

13. **L. nigra** Linné, 1758, Syst. Nat., ed. X, I, p. 398 ; — Muls., Longic., ed. 1, p. 262 ; ed. 2, p. 527. — *picea* * Fourc., 1785.

Avec les deux espèces précédentes, sur les fleurs de diverses plantes. — Mai-juillet. — *C.* (sauf en Basse-Normandie et en Picardie).

Tout le bassin de la Seine. — Europe [de la Suède à la Grèce]. Caucase.

14. **L. aethiops** Poda, 1761, Ins. Mus. Graec., p. 38. — *melanaria* Herbst, 1784. — *atra* Laich., 1784 ; — Muls., Longic., ed. 1, p. 257 ; ed. 2, p. 516. — *morio* Fabr., 1787. — *unicolor* ‡ Cat. Monac.

Bois humides, dans les clairières, sur les fleurs de diverses plantes, notamment des *Valeriana* !. — Juin. — *A.R.*

Seine : Vincennes (Ch. Bris.!). — S.-et-O. : forêt de Bondy ! ; Montmorency (d'Orb.!). — S.-et-M. : forêt d'Armainvilliers (Poujade !). — [Loiret] : Ouzouer-sur-Trezée (Pyot!). — Yonne : Avallon ! ; Sᵗ-Sauveur (Rob.-Desv.). — Nièvre (E. Blanc!). — Côte-d'Or : Montbard ! ; Rouvray (Emy); etc. — Aube : forêt d'Orient (Le Gd.!); Lusigny (d'An-

____

(1) D'après Mulsant, la larve de *L. melanura* serait rougeâtre (?) et vivrait da s le Chêne.

tessanty). — Oise : forêt d'Ourscamps (Ch. Bris.!); marais d'Ivry-le-Temple (Carp.). — Aisne : St-Gobain (E. Blanc). — Somme (Obert). — Eure : Breteuil (Rég.). — S.-Inf. : forêt de St-Jacques, mare de Lépinay (Mocq.!). — Calv. (Fauvel).

Europe moyenne ; Grèce. Lenkoran. Sibérie.

15. **L. revestita** Linné, 1767, Syst. Nat., ed. XII, I, p. 638 ; — Muls., Longic., ed. 2, p. 511. — *villica* Fabr., 1775 ; — Muls., Longic., ed. 1, p. 253. — *rubra* * Fourc., 1785.

Avenues, parcs, etc.; sur les *Ulmus* et *Aesculus* (Ch. Brisout). — Mai, juin. — **A.R.**

Seine : Paris, jardin du Luxembourg (Dubois). — S.-et-O. : Bondy (Fauvel); Meudon (Bigot!); St-Germain (Ch. Bris.). — S.-et-M. : Fontainebleau!. — [Loiret] : env. de Gien (Pyot). — Yonne : St-Sauveur (Rob.-Desv.). — Côte-d'Or : Rouvray (Emy) ; etc. — Aube : Troyes (Le Gd.). — Oise : Chantilly (Lév.!); Compiègne!. — Somme : Péronne (Carp.); Ignaucourt (Delaby); Ham (Scalabre); etc. — Eure : Évreux (Rég.). — S.-Inf. : Sotteville; Quevilly (Mocq.!). — Calv. : Falaise (Brébisson).

Europe tempérée.

16. **L. aurulenta** Fabr., 1792, Ent. Syst., I, 2, p. 348 ; — Muls., Longic., ed. 1, p. 251 ; ed. 2, p. 507 ; — Perris *(métam.)*, in Ann. Sc. nat., 1840, p. 90, tab. 3 A, f. 26, 28 ; — id., Larves (1877), p. 539.

Sur les souches et dans le vieux bois de diverses Amentacées (*Betula!, Fagus, Castanea, Salix, Alnus*); Perris a observé la larve dans des souches de Saule et d'Aulne. — Juin-août. — **A.R.**

Seine : Paris, jardin du Luxembourg (A. Lév.!). — S.-et-O. : Meudon (Rég.!); Chaville!; Versailles (d'Orb.!); Buc; St-Germain (Fauvel); Dourdan (Mp.!). — S.-et-M. : forêt de Fontainebleau!. — [Loiret] : env. de Gien (Pyot). — Nièvre (E. Blanc!). — Yonne : Joigny (Grenet); Auxerre; Avallon; Pierre-Perthuis (Nicolas); St-Sauveur (Rob.-Dev.). — Côte-d'Or : Rouvray (Emy). — Aube : Troyes, chantiers (Le Gd.). — Oise : Compiègne (Mp.!). — Somme : Gentelles (d'Halloy). — Eure : Évreux (Rég.). — S.-Inf. : Rouen (Maille). — Calv. : St-Julien-sur-Calonne (Fauvel).

Europe tempérée.

17. **L. quadrifasciata** Linné, 1758, Syst. Nat., ed. X, I, p. 398 ;

— Muls., Longic., ed. 1, p. 252 ; ed. 2, p. 509 ; — Schiödte *(métam.)*, *in* Nat. Tidss., X (Met. El., IX), p. 422 et 447 ; — Kawall *(mœurs)*, *in* Stettin. ent. Zeit., 1867, p. 118. — *octomaculata* Degeer, 1775.

Bois humides et bords des eaux, sur les souches et le bois mort des Salicinées (*Salix, Populus*) et Bétulinées (*Betula, Alnus*), où vit sa larve ; aussi sur les fleurs de diverses plantes (Ombellifères !, Rosacées, etc.). — Tout l'été. — *R.*

Seine : île d'Asnières (Chevrolat). — S.-et-O. : île de Chatou (Rég.) ; forêt de St-Germain (Ch. Bris.!) ; Chennevières-sur-Marne (Clair !). — [Loiret] : env. de Gien (Pyot). — Yonne : Sens (Loriferne) ; Auxerre ; Pierre-Perthuis (Nicolas) ; St-Sauveur (Rob.-Desv.). — Aube : St-Julien, château des Cours (Le Gd.!). — Eure : Évreux ; Breteuil (Rég.). — S.-Inf. : forêt de Roumare (Le Bout.). — Orne : bois de Chérencei ! ; forêt d'Argentan (Brébisson).

Europe septentrionele et tempérée. Caucase. Sibérie.

C'est l'« *attenuata* » du Cat. Le Grand !. .

6° GROUPE (Strangalia Serv.)

18. **L. maculata** Poda, 1761, Ins. Mus. Graec., p. 37 ; — Muls., Longic., ed. 2, p. 521. — *elongata* Degeer. 1775 ; — Westwood *(larve)*, Introd., I, p. 369, fig. 44, 20. — *armata* Herbst, 1784 (♂) ; — Muls., Longic., ed. 1, p. 258. — *rubea* * Fourc., 1785 [*rubens err. in* Cat. Monac.]. — *calcarata* Fabr., 1792 (♂) ; — Candèze *(larve), in* Mém. Soc. sc. Liége, 1853, p. 590, tab. VIII, f. 10.

Broussailles, ronces, clairières des bois ; sur les fleurs de diverses plantes (*Rubus* !, Ombellifères, etc.). La larve, peut-être polyphage, aurait été trouvée, suivant Candèze, dans des souches de Bouleau. — Mai-septembre. — *CC.*

Tout le bassin de la Seine (rare en Picardie). — Europe. Caucase. Caspienne. Sibérie.

11. Genre **Necydalis** Linné, 1758, Syst. Nat.. ed. X, I, p. 342 et 421. (Voyez p. 17.)

1. **N. ulmi** Chevr.. 1838, Centurie de Buprestides. p. 76 (1) ; —

(1) La description de Chevrolat fait partie d'un article intitulé « Du *Necydalis major* de Linné, *Molorchus abbreviatus* de Fabricius », article qu' n'existe que dans le tirage à part (en 78 pages) de la « Centurie des Buprestides ».

Muls., Longic., ed. 2, p. 233. — *Panzeri* Harold, 1876. — *major* ‡ Muls., Longic., ed. 1, p. 111. — *abbreviata* ‡ Panz.

Avenues, forêts, etc. Dans le vieux bois des *Ulmus*, des *Fagus* et de quelques autres arbres (1). — Juillet. — R.

Seine : Paris (Chevrolat), Champs-Élysées, Champ-de-Mars (Ch. Bris.); probablement détruit. — S.-et-O. : Sᵗ-Germain (Ch. Bris.!). — S.-et-M. : forêt de Fontainebleau !. — Yonne : Coulanges-la-Vineuse (Dʳ Populus !). — [Côte-d'Or] : Plombières-lès-Dijon (Rouget) ; etc. — Oise : Beaumont-sur-Oise (Walckenaer) ?. — Calv. : Caen, Le Bon-Sauveur (Fauvel). — Orne : bois de Messei, près Domfront (Brébisson).

Europe moyenne.

C'est le « *major* » cité de Coulanges-la-Vineuse au Cat. Loriferne et l'« *abbreviatus* » du Cat. Brébisson.

2. N. major Linné, 1758, Syst. Nat., ed. X, 1, p. 421 ; — Muls., Longic., ed. 2, p. 236. — *abbreviata* Fabr., 1775. — *ichneumonea* Degeer, 1775. — *populi* Büttner, 1818. — *salicis* Muls., Longic., ed. 1, p. 112. — *Duponti* Muls., 1839, l. c., tab. 1, fig. F.

Dans les vieux arbres, *Pirus, Aesculus* (Ch. Brisout), *Salix, Populus*, etc.; au vol, le soir. Juin, juillet. RR.

Seine : Châtillon (Rég.); Fontenay-aux-Roses (Ch. Bris.!). — S.-et-O. : Sᵗ-Germain (Ch. Bris.!); Montmorency ; Montlignon (Lév.!. — Yonne (2) : Auxerre (Nicolas); Chatellux (id.)?. — Aube : Troyes (Le Gd.!); Buccey-en-Othe ; Sᵗ-Julien (d'Antess.). — S.-Inf. : Grand-Quevilly (Mocq.). — Somme : Roye (Boulongne); Fouencamps (Levoir); Amiens (Carp.!); Abbeville (Wignier); Le Crotoy (Marm.!).

Presque toute l'Europe. Sibérie.

C'est le « *N. abbreviatus* » du Cat. Obert (p. 180).

12. Genre Caenoptera Thoms., 1859, Skand. Col., I. p. 150.
(Voyez p. 18.)

1ᵉʳ GROUPE (*Caenoptera s. str.*).

1. C. minor Linné, 1758, Syst. Nat., ed. X, 1, p. 421. — *dimidiata*

------

(1) Büttner (*in* Germar, Mag., III, p. 245) dit avoir trouvé la larve dans le Chêne.

(2) Cité d'Avallon par erreur (*in* Rev. d'Ent., 1884. p. 318).

Fabr., 1775 ; — Muls., Longic., ed. 1, p. 108 ; ed. 2, p. 224 ; — Schiödte *(larve), in* Nat. Tidss., X (Met. El., IX), p. 444, tab. 15, f. 11-12. — *ceramboides* Degeer, 1775. — *media* Schrank, 1798.

Sur les branches des Abiétinées, où se développe sa larve (Schiödte) ; souvent aussi sur les fleurs d'Ombellifères. — Mai-août. — Espèce importée.

Eure : Vernon, forêt de Bizy (A. Léveillé, coll. Sedillot!), un ex. pris en mai 1888, sur un *Picea*.

Europe septentrionale et régions montagneuses [jusqu'en Grèce]. Caucase. Caspienne. Sibérie.

Le « *Molorchus minor* » cité de l'Aube [Troyes, Bucey], *in* Rev, d'Ent., 1884, p. 336, = *C. umbellatarum!*.

2ᶜ GROUPE (*Linemius* Muls., 1863, *Conchopterus* Fairm., 1865).

2. C. umbellatarum Schreber, 1759, Nov. Spec. Ins., p. 9 ; — Muls., Longic., ed. 1, p. 109 ; ed. 2, p. 226 ; — Perris *(métam.),* Larves (1877), p. 468, fig. 476. — *minima* Scop., 1763.

Vergers, haies vives, etc. Autour des branches mortes de diverses Rosacées (*Rubus*, plusieurs genres de Pomacées, notamment les Pommiers, etc.), où vit sa larve (Perris) ; aussi sur diverses fleurs. — Fin mai-juillet. — A.R.

S.-et-O. : Écouen (Boudier) ; Sᵗ-Germain ; Marly (Ch. Bris.!) ; Versailles (d'Orb.!) ; Lardy (Mp.!). — S.-et-M. : Fontainebleau. — [Loiret] : env. de Gien (Pyot!). — Yonne : Leugny (Loriferne) ; Avallon!. — Côte-d'Or : Rouvray (Emy) ; Villenote (Rouget) ; etc. — Aube : Bucey (d'Antess.!). — Oise : Coye!. — Somme : Cagny (Obert) ; Sᵗ-Fuscien (Delaby). — S.-Inf. : env. de Canteleu, près Rouen (Mocq.!). — Orne : Miserai, près Lhome!.

Europe tempérée. Caucase occidental.

13. Genre **Stenopterus** Stephens (1), 1831, Ill. Brit., IV, p. 228 et 252. — (Voyez p. 19.)

1. S. rufus Linné, 1767, Syst. Nat., ed. XII, 1, p. 642 ; — Muls., Longic., ed. 1, p. 113 ; ed. 2, p. 218 ; — Perris *(larve),* Larves (1877), p. 467, fig. 473-475. — *attenuatus* * Fourc., 1785.

____

(1) Genre attribué par erreur à Illiger.

Prairies, clairières ; sur les fleurs de diverses plantes (*Achillea, Leucanthemum,* etc.) ; la larve vit dans le bois mort (*Castanea, Robinia,* etc.) et creuse ses galeries entre les couches de l'aubier (Perris). — Mai-septembre. — *C.*

Tout le bassin de la Seine (assez rare en Picardie). — Europe moyenne et méridionale [Sicile, Grèce]. Rhodes (v. Oertzen). Liban (La Brûlerie !). Caucase (Leder). Lenkoran (Ménétriés).

2. S. ater Linné, 1767, Syst. Nat., ed. XII, I, p. 646 ; — Muls., Longic., ed. 2, p. 219. — *praeustus* Fabr., 1792 ; — Muls., Longic., ed. 1, p. 114. — *ustulatus* Dej., 1839.

Sur les fleurs en ombelles (*Daucus !,* etc.).

M. L. Laverdet m'a communiqué un exemplaire entièrement noir de cette espèce, pris le 6 juillet 1883, dans un bûcher, à Troyes (Aube) ; cette capture doit être accidentelle.

Europe méridionale. Barbarie !.

14. Genre **Callimus** Muls., 1846, Sécurip. (Suppl.).
(Voyez p. 19.)

C. angulatus Schrank, 1789, *in* Naturforscher, XXIV, p. 77. — *cyaneus* Fabr., 1792 ; — Muls., Longic., ed. 2, p. 211. — *variabilis* Bon., 1812. — *Bourdini* Muls., 1846 (♂).

Dans les bois, en fauchant sous les Chênes. — Avril, mai. — *RR.*

S.-et-M. : forêt de Fontainebleau !. — [Côte-d'Or] : env. de Dijon (Rouget).

Europe moyenne et méridionale. Caspienne : Lyrik (Radde).

15. Genre **Dilus** Serv., 1834, *in* Ann. Soc. ent. Fr., 1834, p. 73.
(Voyez p. 20.)

D. fugax Ol., 1790, *in* Encycl. méth., V, p. 253 ; — Muls., Longic., ed. 1, p. 100 ; ed. 2, p. 191 ; — Perris (*larve*), Larves (1877), p. 459. fig. 464 *bis*, 464 *ter*. — *ceramboides* Rossi, 1794.

Endroits chauds, sur divers arbrisseaux du groupe des Genêts (*Calycotome spinosa, Spartium junceum, Cytisus capitatus, Sarothamnus scoparius*); la larve vit dans les rameaux des mêmes plantes (Perris, l. c., p. 461-462). — Avril, mai.

[Loiret] : Gien, accidentellement dans un jardin (Pyot!); Orléans (id.).

Europe méridionale. Barbarie! [de Mogador à Gabès].

16. Genre **Obrium** Latr., 1829, *in* Cuvier, Règne anim., ed. 2, V, p. 119. — (Voyez p. 20.)

1. O. cantharinum Linné, 1767, Syst. Nat., ed. XII, I, p. 637; — Muls., Longic., ed. 1, p. 97; ed. 2, p. 205. — *ferrugineum* Fabr., 1781.

Endroits humides et un peu froids. Sur les Salicinées, notamment dans le bois du *Populus tremula* (Gyllenhal, Ins. Suec., IV, p. 91); vole le soir. — Juin-août. — *R.*

Chantiers de Paris (A. Dubois). — S.-et-M. : Fontainebleau (H. Bris.); Montereau (Ch. Bris.). — Eure-et-Loir : Chartres (Nicolas). — Eure : Évreux (Rég.). — Oise : Beauvais (coll. Ch. Bris.!); Compiègne (Ch. Martin!). — Aisne : Villers-Cotterets (Olivier, 1795); St-Gobain (É. Blanc!). — Yonne : Annay-sur-Serain, près Noyers (Latreille); Auxerre (Nicolas); St-Sauveur (Rob.-Desv.). — Côte-d'Or : Rouvray (Emy); etc. — [Nièvre] : Cercy-la-Tour (É. Blanc!). — Aube : Troyes (Le Gd.). — Marne : Reims (Ch. Demaison). — Somme : Roye; Amiens (Obert); Dury (Carp.); Marcelcave (Delaby); Domqueur (Levoir). — Calv. : Fresney-le-Puceux (Dubourgais).

Europe septentrionale et tempérée. Sibérie occidentale.

2. O. brunneum Fabr., 1792, Ent. Syst., I, 2, p. 316; — Muls., Longic., ed. 1, p. 99; ed. 2, p. 206.

Parcs, avenues, etc. Sur les Sapins et les Pins; aussi sur les fleurs, surtout celles des Ombellifères et notamment de l'*Anthriscus silvestris* (1). — Fin mai-juillet. — *A.R.*

Seine : Bois-de-Boulogne (Rég.!). — S.-et-O. : St-Cloud (Marm.!); pavillon du Raincy (Rouzet); Marnes (Seyrig!); St-Germain; parc de Meudon!; Chennevières-sur-Marne (Clair). — S.-et-M. : Fontainebleau (Bonn.). — Eure : Évreux, Jardin botanique (Rég.); Courteilles (Power!). — S.-Inf. : St-Aubin-juxte-Boulleng (Mocq.!). — Calv. : Pont-l'Évêque; Carville; Mouen (Fauvel). — Somme : Abbeville (Marcotte). — Oise : Warluis, bois de Merlemont; Marivault (L. Carp.).

Europe septentrionale et contrées accidentées. Caucase.

____

(1) La fréquence de cette espèce à proximité des Abiétinées ou sur les Abiétinées mêmes semblerait indiquer qu'elle se développe à leurs dépens.

17. Genre Leptidea Muls., 1839, Longic., ed. 1, p. 100 et 105.
(Voyez p. 21.)

L. brevipennis Muls., 1839, Longic., ed. 1, p. 105, tab. 2, f. 3 ; ed. 2, p. 200 ; — Perris *(métam.)*, Larves (1877), p. 465. — *minuta* Motsch., 1845. — *rufipennis* Dufour, 1851.

Celliers. ateliers de vannerie, etc.; vit dans les tiges d'Osiers non décortiquées (1); ordinairement par familles nombreuses; paraît en juin. — *A.R.*

Seine : Paris !; Vincennes (Leprieur); Nogent-sur-Marne (d'Orb.!). — S.-et-O. : Versailles (Dubois); Chambourcy (Lucas). — Yonne : Sens (Loriferne). — [Côte-d'Or] : Dijon (Rouget). — Aube : Troyes (Laverdet). — Eure : Évreux (Rég.). — S.-Inf. (Dérote). — Calv. : Trouville ; Deauville ; Caen (Fauvel). — Somme : Fouencamps (Levoir); Cayeux-sur-Mer (Decaux).

Belgique (Donckier); France méridiônale. Algérie !; Kroumirie (Sedillot !).

18. Genre Gracilia Serv., 1834, *in* Ann. Soc. ent. Fr., 1834, p. 81.
(Voyez p. 21.)

G. minuta Fabr., 1781, Spec. Ins., I, p. 235; — Schiödte *(larve)*, *in* Nat. Tidss., X (Met. El., IX), p. 443, tab. 16, f. 11-12. — *pygmaea* Fabr., 1792 ; — Fallén, 1802 ; — Muls., Longic., ed. 1, p. 103; ed. 2, p. 198 ; — Perris *(métam.)*, Larves (1877), p. 463, fig. 468-472. — *vini* Panz., 1799. — *fusca* Haldem., 1847. — *pusilla* ‡ Cat. Monac. *(nec* Fabr.).

Surtout dans les caves et les celliers, vivant par familles aux dépens des vieux paniers d'osier et des cercles de tonneaux ; la larve attaque aussi les rameaux secs des Amentacées (*Salix, Castanea, Quercus, Corylus*), des Rosacées (*Crataegus, Rosa, Rubus*), de l'*Evonymus europaeus*, etc. — Mai-juillet. — *A.C.*

Tout le bassin de la Seine. — Toute l'Europe. Caucase. Caspienne. Japon. Barbarie!. Canaries. Madère. — États-Unis [introduit].

(1) Les Osiers employés par les vanniers sont les *Salix viminalis* L., *S. purpurea* L. et *S. alba* L.

19. Genre **Hesperophanes** Muls., 1839, Longic., ed. 1, p. 62 et 66.
(Voyez p. 21.)

1. H. pallidus Ol., 1790, *in* Encycl. méth., V, p. 256 ; Entom., IV, gen. 70, tab. 6, f. 64 ; — Muls., Longic., ed. 1, p. 69 ; ed. 2, p. 134. — *mixtus* Fabr., 1798. — *sexpustulatus* Companyo, 1863.

Grands bois, sur les vieux Chênes (*Quercus Robur*); sort par les belles soirées d'été, vole doucement autour des grosses branches mortes, entre huit heures et demie et neuf heures, et court sur le bois à la nuit close. La larve vit dans le bois sec, sous l'écorce épaisse des grosses bûches ! —Fin juin-août. — *RR*.

Seine : Bois-de-Boulogne, côté d'Auteuil !. — S.-et-O. : forêt de St-Germain (Ch. Bris.!).— S.-et-M. : forêt de Fontainebleau !. — Oise : forêt de Compiègne !.

Çà et là, dans presque toute la France ; Francfort (v. Heyden) ; Genève (Tournier) ; Italie (Olivier).

2. H. cinereus Villers, 1789, C. Linn. Entom., I, p. 256 ; — Muls., Longic., ed. 2, p. 132 ; — Perris *(métam.)*, Larves (1877), p. 448 ; — Du Buysson *(mœurs)*, *in* Feuille des J. Nat., XII (1882), p. 61. — *nebulosus* Ol., 1790 ; — Muls., Longic., ed. 1, p. 63 ; — É. Muls. et V. Muls. *(larve)*, *in* Ann. Soc. linn. Lyon, n. ser., II (1855), p. 258 ; Opusc. ent., VI, p. 158. — *holosericcus* Rossi, 1790.

Dans le bois sec des arbres non résineux et surtout dans les bois ouvrés (meubles, parquets, charpentes) ; principalement dans le Peuplier et le Chêne. — (Accidentel dans notre région.)

Seine : Paris (Olivier, 1790) ; collège Rollin (H. Le Chatelier !), un ex.; St-Maur (Delahaye !), un ex. — S.-Inf. : ville de Rouen (Le Bouteiller), un ex. — Somme : Amiens (Vion). — Marne : Merfy, près Reims (Ch. Demaison !), un ex.

France centrale. Europe méridionale, jusqu'en Grèce.

C'est le « *griseus* » cité des environs de Paris (*in* Ann. Soc. ent. Fr., 1884, p. cxiv ; — *in* Rev. d'Entom., 1884, p. 352). — cf. Bedel, *in* Ann. Soc. ent. Fr., 1888, p. clxxv.

20. Genre **Criocephalus** Muls., 1839, Longic., ed. 1, p. 62 et 63.
(Voyez p. 22.)

1. **C. rusticus** Linné, 1758, Syst. Nat., ed. X, I, p. 395 ; — Thoms.,
Skand. Col., VIII, p. 19 ; — Perris *(mœurs et métam.)*, in Ann. Soc. ent.
Fr., 1856, p. 452, tab. 5, f. 359-361 ; — Schiödte *(métam.)*, in Nat.
Tidss., X (Met. El., IX), p. 400 et 444, tab. 13, f. 14-19. — *tristis* Fabr.,
1787. — ? *pinetorum* Woll., 1863.

Dans les troncs morts ou abattus des Abiétinées, surtout des *Pinus* !.
La larve vit sous l'écorce et dans l'aubier ; l'adulte sort en juin et juillet.
— (Introduit dans notre région et probablement naturalisé à Fontai-
nebleau.)

Paris (Olivier, 1795). — S.-et-O. : Juvisy (Fauvel). — S.-et-M. : forêt
de Fontainebleau (Ch. Bris.!). — [Loiret] : Gien (Pyot!). — Yonne :
Sens (Loriferne), un ex. — Aube : Troyes (Laverdet!). — Somme :
dunes de Cayeux (Decaux), sans doute importé des Landes de Gascogne
vers 1886.

Europe septentrionale, montagneuse et méridionale, dans toute la
région des Abiétinées. Caucase. Sibérie. Madère ; Canaries (Wollaston!).

C'est l'« *epibata* » cité de Fontainebleau *in* Rev. d'Entom., 1887,
p. 241.

2. **C. ferus** Kraatz, 1863, *in* Berlin. ent. Zeit., VII, p. 107 ; XVI
(1872), p. 319. — *epibata* Schiödte, 1864 ; — Thoms., Skand. Col., VIII,
p. 20. — *rusticus* var. *ferus* Muls., Longic., ed. 1, p. 64 ; ed. 2, p. 127.
— *polonicus* Motsch. *(verisim.)*, 1845.

Mêmes mœurs que le précédent, mais plus rare.

Yonne : Joigny ; Brienon (Berthelin, *in* Ann. Soc. ent. Fr., 1888,
p. XXVIII), captures probablement accidentelles.

Danemark ; France méridionale ; Allemagne ; Russie ; Corse ; Andalousie. Madère (Woll.!). Algérie !. Syrie (Kraatz). Caucase (Leder).

21. Genre **Asemum** Eschscholtz, 1830, *in* Bull. Soc. Nat. Mosc., II,
p. 66. — (Voyez p. 23.)

A. striatum Linné, 1758, Syst. Nat., ed. X, I, p. 395 ; — Muls.,
Longic., ed. 1, p. 62 ; ed. 2, p. 119 ; — Candèze *(larve)*, in Mem. Soc.
sc. Liège, VIII, p. 384 ; — Schiödte *(métam.)*, in Nat. Tidss., X (Met.

El., IX), p. 401 et 444, tab. 14, f. 1-9 ; — Perris *(id.)*, Larves (1877), p. 430, fig. 429. — *agreste* Fabr., 1787.

Vit dans les souches en partie décomposées de quelques Abiétinées, surtout celles des *Pinus;* l'éclosion a lieu en mai et juin.

Introduit et naturalisé dans presque toutes les plantations anciennes, notamment celles de Fontainebleau, de Normandie, etc. — Toute l'Europe. Sibérie.

22. Genre **Callidium** Fabr., 1775, Syst. Ent. [char. gen., p. 7], p. 187. — (Voyez p. 23.)

1er GROUPE.

1. **C. rufipes** Fabr., 1777, Gen. Ins., p. 232 ; — Muls., Longic., ed. 1, p. 46 ; ed. 2, p. 90. — *spinosae* Schrank, 1781. — *? caeruleum* Göze, 1777 (*cyaneum* Fourc., 1785, *cyanochryson* Gmel., 1789).

Dans les bois, sur diverses Rosacées, notamment sur les fleurs de *Crataegus!;* obtenu, par éclosion, des rameaux morts du *Prunus spinosa* (Schrank, Enum. Ins. Austr., p. 165) et des tiges mortes des *Rubus* (Laboulbène, *in* Ann. Soc. ent. Fr., 1858, p. 844). — Printemps. — A.R.

Seine : Bois-de-Boulogne!. — S.-et-O. : forêt de St-Germain (Ch. Bris.!). — S.-et-M. : Fontainebleau (Fauvel). — [Loiret] : env. de Gien (Pyot). — Yonne : Avallon ; Chatel-Censoir (Nicolas); St-Sauveur (Rob.-Desv.). — Côte-d'Or : Rouvray (Emy); etc. — Aube : Troyes (d'Antessanty!); St-Julien (Le Gd.!). — Oise : forêt de Compiègne!. — Eure : Évreux (Rég.).

Europe moyenne.

2e GROUPE (*Poecilium* Fairm.).

2. **C. alni** Linné, 1767, Syst. Nat., ed. XII, I. p. 639 ; — Muls., Longic., ed. 1, p. 45 ; ed. 2, p. 89 ; — Perris *(métam.)*, Larves (1877), p. 440, fig. 449. — *biarcuatum* Piller, 1783. — *turcicum* * Fourc., 1785.

Surtout dans les bois. Vit sur diverses Amentacées (*Quercus, Castanea, Alnus*), dans les branches coupées, les piquets, les fagots, etc. — Fin avril, mai.

Tout le bassin de la Seine (commun dans les environs de Paris, à Fontainebleau, etc.). — Toute l'Europe. Caucase (Leder). Algérie (*teste* Lucas).

3ᵉ GROUPE (*Phymatodes* Muls.).

3. **C. glabratum** Charp., 1825, Horae entom., p. 225. — *castaneum* Redt., 1849; — Muls., Longic., ed. 2, p. 87. — *Deltili* Chevr., 1856.

Vit sous l'écorce du *Juniperus communis*! [et aussi, en Autriche, dans le *Pinus pumilio*; — cf. Ann. Soc. ent. Fr., 1863, p. XLIX]. — *RR*.

S.-et-M. : forêt de Fontainebleau!. — [Côte-d'Or] : env. de Dijon (Rouget).

Europe moyenne ; Grèce.

4. **C. testaceum** Linné, 1758, Syst. Nat., ed. X, p. 396. — *fennicum* Linné, 1758. — *variabile* Linné, 1761 ; — Muls., Longic., ed. 1, p. 47 ; ed. 2, p. 92 ; — Schiödte *(larve), in* Nat. Tidss., X, (Met. El., IX), p. 416, tab. xv, f. 14-21 ; — Perris *(métam.),* Larves (1877), p. 433, fig. 437-438. — *crassipes* * Göze, 1777. — *femoratum* * Foure., 1785. — *fallax* Villers, 1789.

Bois et chantiers. Vit sur diverses Amentacées (*Quercus, Castanea, Fagus*) ; les larves creusent leurs galeries dans l'écorce des bois malades ou récemment coupés ; l'adulte vole au coucher du soleil. — Juin, juillet. — *CC*.

Tout le bassin de la Seine [les exemplaires à prothorax roux, avec les élytres soit fauves (type), soit d'un bleu foncé (var. *fennicum* L.), sont de beaucoup les plus vulgaires]. — Toute l'Europe. Caucase ; Bakou (Leder). Algérie!. Madère (Woll.!). — États-Unis [importé].

5. **C. lividum** Rossi, 1794, Mant. Ins., II, app., p. 98. — *melancholicum* Fabr., 1798 ; — Muls., Longic., ed. 2, p. 95 ; — Perris *(métam.),* Larves (1877), p. 430, fig. 430-436. — *brevicolle* Dalm., 1817. — *thoracicum* Comolli, 1837. — *thoracicum* Muls., 1839, Longic., ed. 1, p. 51. — *asperipenne* * Fairm., 1881.

Se développe sous les écorces des branches récemment mortes et des piquets neufs (*Quercus, Castanea*); les larves attaquent spécialement les cercles de tonneaux en bois de Châtaignier et les sillonnent de leurs galeries (Perris). — *A.R.* (parfois en nombre dans les celliers).

S.-et-O. : Montmorency (Boudier); Lardy (Mp.!). — S.-et-M. : Fontainebleau (Bonnaire). — [Loiret] : Gien (Pyot!). — Yonne : Auxerre (Nicolas). — Côte-d'Or : Semur (d'Aumont); Dijon (Rouget). — Aube :

Troyes (Le Gd.!). — Somme : Amiens (Carp.); Ham (Scalabre). —
Eure : ville d'Évreux (Rég.). — S.-Inf. : ville de Rouen (Mocq.!). —
Calv. : Caen (Fauvel).

Europe moyenne ; Italie ; Grèce. — Tanger ; États-Unis [importé ?].

6. C. pusillum Fabr., 1787, Mant., I, p. 155 ; — Panz., Fn. Germ.,
88, 6, fig. — *abdominale* Bon., 1812 ; — Ganglb., Bestimm.-Tabell.,
VII, p. 72. — *humerale* Com., 1837. — *humerale* Muls., 1839, Longic.,
ed. 1, p. 53, tab. 3, f. 1 ; ed. 2, p. 97. — *barbipes* Küst., 1847.

Dans les bois. Vit dans les branches de *Quercus Robur*. — RR.

Seine : Bois-de-Boulogne (Decaux), 2 ex. — S.-et-M. : forêt de Fontainebleau (Bonn.!). — [Côte-d'Or] : Dijon (Rouget).

Europe moyenne et méridionale.

4e GROUPE (*Pyrrhidium* Fairm.).

7. C. sanguineum Linné, 1758, Syst. Nat., ed. X, I, p. 396 ; —
Muls., Longic., ed 1, p. 44 ; ed. 2, p. 86 ; — Perris *(métam.)*, Larves
(1877), p. 429 ; — (cf. Rupertsb., Biol. d. Käf., p. 235).

Dans le bois en tas et les bûchers, sous l'écorce des Cupulifères, spécialement du *Quercus Robur* !, où vit sa larve ; aussi, d'après Nördlinger,
sur les *Castanea* et, d'après Ratzeburg, sur les *Carpinus* et *Fagus*. Sort
dès la fin de l'hiver ou le premier printemps. — *CC.*

Tout le bassin de la Seine. — Europe. Caucase. Algérie.

5e GROUPE (*Callidium s. str.*).

8. C. violaceum Linné, 1758, Syst. Nat., ed. X, I, p. 395 ; — Muls.,
Longic., ed. 1, p. 42 ; ed. 2, p. 85 ; — Kirby *(métam.)*, in Trans. Linn.
Soc. Lond., 1800, V, p. 246, fig. 1-14.

Vit dans le bois sec des Abiétinées (cf. Kaltenbach, Pflanzenf., p. 689) ;
souvent dans les habitations.

Accidentellement importé, dans les chantiers ou bâtiments en construction, à Paris (A. Dubois), Rouen (Mocq.!), Caen (Dubourgais),
Reims (Fauvel), Dijon (Rouget), etc.

Europe septentrionale et montagneuse [Vosges, Alpes]. Sibérie.

23. Genre **Rhopalopus** Muls., 1839, Longic., ed. 1, p. 39 et 40.
(Voyez p. 25.)

1. **R. clavipes** Fabr., 1775, Syst. Ent., p. 188 ; — Muls., Longic., ed. 1, p. 41 ; ed. 2, p. 81 ; — Perris *(larve)*, Larves (1877), p. 437. — *vidua* * Fourc., 1785 [*la Lepture veuve*].

Çà et là, dans le bois mort ; Mulsant et Kaltenbach signalent la larve dans le Saule ; Perris l'a trouvée dans la Vigne et Nowicki, dans le Pommier. — Juin-juillet. — A.R.

Seine : Paris-Montrouge (Bonnaire) ; Aulnay (Ph. Grouvelle). — S.-et-O. : Bellevue (Dubois) ; Rueil (Ch. Bris.) ; St-Germain (id.!) ; Montmorency (Boudier). — S.-et-M. : Barbizon (É. Blanc). — [Loiret] : env. de Gien (Pyot). — Yonne : Sens (Julliot) ; Auxerre (Dr Populus) ; St-Sauveur (Rob.-Desv.). — Côte-d'Or : Rouvray (Émy) ; etc. — Aube : Troyes (Le Gd.!). — Marne : Reims (Ch. Demaison). — Oise : Compiègne (Bigot!). — Somme : Amiens (Douchet) ; Doullens (Le Correur) ; Péronne (Dermigny) ; Abbeville (Marcotte).

Presque toute l'Europe. Caspienne.

2. **R. spinicornis** * Abeille, 1869, *in* Petites Nouv. ent., I, p. 42 ; id., *in* Ann. Soc. ent. Fr., 1870, p. 85. — *Varini* * Bed., 1870, *in* L'Abeille, VII, p. 94.

Paraît vivre sur le Chêne (Bellier). — Mai. — *RR.*

Seine : Fontenay-aux-Roses !, un ex. (*type* de *R. Varini*). — S.-et-O. : Meudon (Ch. Demaison !) ; forêt de St-Germain (Ch. Bris.!, *type* de *R. spinicornis*) ; forêt de Marly (Nicolas). — S.-et-M. : Fontainebleau (Gassies !). — [Côte-d'Or] : env. de Dijon (Rouget).

Départements de la Creuse (Du Buysson), de Vaucluse (Abeille), des Basses-Alpes (Bellier) et du Var (Abeille). Francfort (v. Heyden) ; Tyrol, Basse-Autriche, Carinthie (Ganglbauer).

3. **R. femoratus** Linne, 1758, Syst. Nat., ed. X, I, p. 395 ; — Muls., Longic., ed. 1, p. 41 ; ed. 2, p. 83 ; — Perris *(métam.)*, Larves (1877), p. 435, fig. 439-442. — *punctuosus* Fourc., 1785. — *ruficrus* Schrank, 1789. — *punctatus* Fabr., 1798.

Bois et cultures. Vit dans les branches mortes des Amentacées (*Quer-*

cus, *Castanea*, *Betula*. etc.), des Rosacées (Rosier, Prunier, Pommier. Pêcher), dans la Vigne sauvage (1), etc. — Printemps. — A.R.

Seine : Bois-de-Boulogne (Decaux). — S.-et-O. : forêt de St-Germain (Ch. Bris.!). — S.-et-M. : Fontainebleau (Ch. Martin !). — [Loiret] : env. de Gien (Pyot). — Yonne : Sens; Pont-sur-Yonne (Loriferne). — Côte-d'Or : Rouvray (Émy), etc. — Aube : Troyes (d'Antess.); Les Tauxelles (Le Gd.!). — Marne : Reims (Ch. Demaison !). — Oise : forêt de Compiègne !. — Somme : Amiens (Douchet); bois de Bouillencourt (E. Colin). — S.-Inf. : Sotteville ; Quevilly, près Rouen (Mocq.!).

Presque toute l'Europe.

24. Genre Semanotus Muls., 1839, Longic., ed. 1, p. 39 et 54.
(Voyez p. 26.)

S. (Sympiezocera) Laurasi Lucas. 1852, *in* Ann. Soc. ent. Fr., 1851, p. cvii; — id.. *in* Rev. Zool.. 1853, p. 29, tab. 1, f. 1-5; — Fairm.. *in* Duv.. Gen. Col., IV, 2, p. 190. tab. 59, f. 281 ; — Perris *(mœurs et métam.)*, Larves (1877), p. 443. — *Bonvouloiri* Marseul, 1856 (2). — *Verneti* Pellet, 1871.

Vit et se développe dans le tronc et les grosses branches des Cupressinées. notamment du *Juniperus communis. — RR.*

S.-et-M. : forêt de Fontainebleau (Marmottan !, Léveillé !. etc.).

Languedoc ; Pyrénées-Orientales ; Espagne, province d'Albacète (Uhagon); Corse (Fairmaire). Algérie !.

25. Genre Hylotrypes Muls., 1839. Longic., ed. 1. p. 39 et 55.
(Voyez p. 26.)

H. bajulus Linné. 1758, Syst. Nat.. ed. X. 1, p. 396; — Muls., Longic.. ed. 1, p. 45; ed. 2, p. 105; — Perris *(mœurs et métam.)*, *in* Ann. Soc. ent. Fr., 1856. p. 454, fig. 369-375. — Heeger *(id.)*, *in* Sitzb. Akad. Wiss. Wien. XXIV, 1857. p. 323, tab. 4 ; — Schiödte *(larve)*, *in* Nat. Tidss.. X (Met. El.. IX). p. 447, tab. 15, f. 13. — *quadripunctatus* * Fourc., 1785. — *Koziorowiczi* Desbr., 1873.

(1) Cf. Valéry Mayet, Les Insectes de la Vigne, 1889, p. 335, note.

(2) Le *type*, décrit sous le nom de *Xenodorum Bonvouloiri*, est l'exemplaire pris accidentellement vers 1855 par M. H. de Bonvouloir, à Auteuil (Seine), sur une clôture de l'Institution Notre-Dame.

Dans les bois résineux (Abiétinées) mis en œuvre : charpentes, planchers, meubles, etc.; la larve vit dans l'aubier et le réduit en poussière ; l'insecte sort en juin et juillet.

Introduit dans la plupart des villes du bassin de la Seine. — Toute l'Europe. Açores ; Madère ; Canaries (Wollaston !). Algérie !. Caucase. États-Unis, etc. Transporté par les navires et presque cosmopolite.

26. Genre **Rosalia** Serv., 1833, *in* Ann. Soc. ent. Fr., 1833, p. 561.
(Voyez p. 27.)

R. alpina Linné, 1758, Syst. Nat., ed. X, I, p. 392; — Muls., Longic., ed. 1, p. 35 ; ed. 2, p. 74 ; — Lameere, *in* Ann. Soc. ent. Belg., XXXI (1887), p. 162.

Pays froids ou accidentés, sur les vieux *Fagus silvatica !* et peut-être aussi sur le *Juglans regia* (Rouget, Cat., p. 252). La larve, dont M. Valéry Mayet a bien voulu me permettre de publier la description, a été observée par lui dans le bois décomposé du Hêtre. — Été.

Côte-d'Or : Alise-Ste-Reine (d'Antessanty); Segrois ; L'Étang-Vergy (Rouget, l. c.). — Signalé par Geoffroy (1762) comme trouvé dans les chantiers de Paris ; cité aussi d'Elbeuf et de Rouen, mais d'origine suspecte.

Angleterre ; Suède ; Allemagne [Stettin, Francfort]; France [Pyrénées, Alpes, etc.]; Italie, Sicile ; Turquie ; Grèce. Lenkoran.

Description des premiers états du Rosalia alpina L.

par VALÉRY MAYET.

Candèze (Cat. des Larves, *in* Mém. Soc. sc. Liége, 1853, p. 583) définit ainsi les larves des *Cerambycini :* « Tête petite ; prothorax portant en dessus et en dessous un bourrelet transversal charnu, placé en arrière de la plaque cornée ; des pattes aux segments thoraciques ; première paire de stigmates placée sur le mésothorax ». A cette formule nous pouvons ajouter : Antennes constamment pourvues d'un petit article supplémentaire surmontant le 3e et accolé au 4e (1).

(1) Comme cet article supplémentaire est situé en dessous du 4e et plus petit

Ces divers caractères se retrouvent chez la larve du *R. alpina*.

Son corps, long de 30 à 35 mill., large de 7 à 8 au segment thoracique et de 5 à 5.50 aux segment abdominaux, est blanc, la vie durant, avec les parties de la bouche rembrunies ; il est garni, sur les flancs surtout, de poils blonds espacés.

Comme chez les larves de *Cerambyx*, la partie thoracique est aplatie et les mamelons ambulatoires dorsaux et ventraux, de forme transverse et à peine marqués d'une faible dépression médiane, sont couverts de granulations ou tubercules en rangées transversales régulières. Sur les ampoules dorsales, ces rangées sont droites ou cintrées en dehors et laissent au milieu un espace lisse, allongé, arrondi aux deux bouts ; sur les ampoules ventrales, elles sont cintrées en dedans, et présentent, entre les deux rangées principales, un pli transversal allant d'un bord à l'autre ; la dépression longitudinale médiane, un peu plus accentuée que sur les mamelons dorsaux, divise à peu près les mamelons ventraux en deux lobes rétractiles couverts de granulations.

Cette conformation éloigne les larves de *Rosalia* de celles des *Aromia* et des *Purpuricenus* (1), qui sont presque entièrement cylindriques et dont les ampoules ambulatoires sont lisses et plus nettement divisées en deux lobes, chez les *Aromia* surtout.

Enfin, caractère spécial à la larve du *Rosalia*, le bord antérieur de la tête (sans échancrure en dessus, comme chez toutes les larves de *Cerambycini*) est brusquement échancré en dessous, le rebord chitineux présentant une solution de continuité ou plutôt s'abaissant brusquement pour venir se perdre, en deux lignes parallèles, sous le bord du prosternum et simulant une sorte de sillon médian en dessous de la tête.

que lui, il est parfois difficile de le voir ; il faut examiner l'antenne de côté, avec une forte loupe ou mieux au microscope.

Ce caractère existe chez toutes les larves de *Cerambycini* en notre possession (*Vesperus, Leptura, Stenopterus, Gracilia, Hesperophanes, Callidium, Rosalia, Aromia, Purpuricenus, Clytus, Cerambyx*); Perris le signale également dans le genre *Grammoptera*. Nous n'avons rien trouvé de semblable chez les larves des *Prionini* ni chez celles des *Lamiini*.

(1) Perris (Larves de Coléoptères, p. 424) décrit les ampoules ventrales de la larve du *P. Kœhleri* L. comme ayant deux rangées de petits tubercules le long du pli transversal. Nous avons sous les yeux les *types* mêmes de Perris et nous n'avons pu voir ce caractère ni sur la larve du *P. Kœhleri*, ni sur celle du *P. Desfontainesi*, que nous possédons également.

La nymphe est blanche et entièrement glabre; elle montre comme ébauchées toutes les parties de l'insecte parfait; les antennes, à articles bien visibles, sont enroulées sur la partie ventrale et reposent sur les cuisses postérieures et les élytres; la partie dorsale des segments abdominaux est munie d'épines chitineuses, rembrunies à l'extrémité; ces épines, disposées irrégulièrement, sont insérées sur une sorte de renflement circulaire, en forme d'ellipse allongée, qui occupe la région centrale du segment et se divise parfois en deux parties coupées par un sillon médian; quelques rares épines, en rangées transversales, se voient çà et là au milieu de l'ellipse (1).

Nous avons trouvé le *R. alpina* dans les Cévennes du Gard, dans la vallée supérieure de l'Aude et surtout dans les Albères, à la forêt de la Massane (Pyrénées-Orientales), entre 800 et 1,500 mètres d'altitude; sa larve vit dans les vieux Hêtres décrépits, en plein bois et plutôt dans les parties décomposées que dans les parties saines.

Pour l'élever dans de bonnes conditions, il faut se munir d'un bloc de Hêtre à moitié pourri où l'on pratique, à l'aide d'une grosse vrille, un certain nombre de galeries (2). Dès qu'on découvre une larve, on l'insère dans une galerie que l'on bouche aussitôt derrière elle. La récolte terminée, on creuse, à la partie supérieure du bloc, deux trous en entonnoir, qu'on remplit d'eau une ou deux fois par semaine pour entretenir l'humidité nécessaire au développement de l'insecte. Des larves longues de 25 à 30 mill., recueillies en mai et élevées de cette manière, se sont transformées en nymphes à la fin de juin.

La nymphose s'opère dans une loge allongée, creusée dans le bois tendre, à un centimètre environ de la surface, et soigneusement close du côté de la galerie. L'état de nymphe dure une quinzaine de jours, c'est-à-dire jusqu'au milieu de juillet. L'insecte parfait, essentiellement diurne, sort du bois en plein jour; son trou de sortie, exactement du diamètre du corps, est en forme d'ellipse allongée, comme celui d'un Buprestide.

(1) La nymphe des *Aromia* n'a que de rares épines, insérées sur deux mamelons dorsaux nettement séparés par une dépression médiane.

(2) Un bloc de quelques kilogrammes peut nourrir une dizaine de larves.

27. Genre Aromia Serv., 1833, *in* Ann. Soc. ent. Fr., 1833, p. 559.
(Voyez p. 27.)

A. moschata Linné, 1758, Syst. Nat., ed. X, 1, p. 391 ; — Muls.,
Longic., ed. 1, p. 37 ; ed. 2, p. 76 ; — Perris *(métam.)*, Larves (1877),
p. 426, fig. 427-428 ; — (cf. Ruperstberger, Biol. d. Käf., p. 234). —
odorata Deg., 1775.

Bords des eaux et oseraies, sur divers *Salix!* ; la larve creuse ses galeries en plein bois, ordinairement dans le tronc, rarement dans les
branches (Perris, l. c.). — Printemps, été. — *C.*

Tout le bassin de la Seine. — Toute l'Europe. Caucase ; Caspienne ;
Sibérie. Barbarie !.

La variété « *ambrosiaca]* », signalée de Sens (Yonne) au Cat. Loriferne
(p. 50 et 79), n'est qu'un *moschata* à thorax bleuâtre !.

28. Genre Purpuricenus Fischer de W., 1823, Entom. Russ., II,
et 237, tab. XLIX. — (Voyez p. 28.)

P. Kœhleri Linné, 1758, Syst. Nat., ed. X, I, p. 393 ; — Muls.,
Longic., ed. 1, p. 33 ; ed. 2, p. 70 ; — Perris *(métam.)*, Larves (1877),
p. 423, fig. 421-426 (1). — *ruber* * Fourc., 1785.

Vignes, vergers, etc. ; souvent sur les fleurs d'*Allium* (Serville) et
d'Ombellifères ou sur les arbres fruitiers. La larve se développe dans le
bois sec, notamment, d'après Perris, dons les échalas, piquets ou
branches mortes de diverses essences (*Quercus, Castanea, Robinia, Tria-
canthos*). — Juin-août. — *R.* (2).

Seine : Clamart (Ch. Bris.) ; Pierrefitte (d'Orb.!). — S.-et-O. : Marnes
(Seyrig) ; St-Germain (Ch. Bris.!) ; Grignon (coll. Fauvel) ; Champrosay
(Fallou!). — Oise : Compiègne (Bigot!) ; Clermont (Musée de Beauvais) ;
Hénonville (L. Carp.). — Marne : Avize (Ch. Demaison !). — Aube :
mails de Troyes (Le Gd.). — [Côte-d'Or] : env. de Dijon (Rouget). —
Yonne : Sens ; Pont-sur-Yonne (Loriferne) ; Coulanges-la-Vineuse ;
Auxerre (Dr Populus) ; St-Sauveur (Rob.-Desv.). — [Loiret] : env. de
Gien (Pyot!). — Eure : Évreux (Bellier).

Europe tempérée et méridionale.

(1) Voyez p. 76, note 1.

(2) On ne trouve guère, dans notre région, que la var. *ruber* Fourc. (*Ser-
villei* Serv.).

29. Genre **Clytus** Laich., 1784, Verz. Tyrol. ins., II, p. 83.
(Voyez p. 29.)

1er GROUPE (*Plagionotus* Muls.).

1. C. arcuatus Linné, 1758, Syst. Nat., ed. X, I, p. 399 ; — Muls., Longic., ed. 1, p. 73 ; ed. 2, p. 140 ; — Mors, *in* Ann. Soc. ent. Belg., VII, p. 132 ; — Schiödte *(larve)*, *in* Nat. Tidsskr., X (Met. El., IX), p. 443 ; — (cf. Ruperstberger, Biol. d. Käf., p. 237). — *lunatus* Fabr., 1787. — *Reichei* * J. Thoms., 1860.

Bois et chantiers, sur les *Quercus* à feuilles caduques! (1); court au soleil, entre onze heures et midi, sur les vieux troncs abattus, où se développe sa larve. — Mai-juillet. — *CC.*

Tout le bassin de la Seine. — Toute l'Europe. Caucase. Forêts d'Algérie! et de Kroumirie (Sedillot!).

2. C. detritus Linné, 1758, Syst. Nat., ed. X, 1, p. 399 ; — Muls., Longic., ed. 1, p. 74 ; ed. 2, p. 138 ; — Perris *(métam.)*, Larves (1877), p. 451, fig. 454-460.

Dans les bois, sur les *Quercus* à feuilles caduques! et sur les *Castanea* (Perris), la larve vit sous l'écorce, dans le tronc et les branches des arbres abattus. — Mai-août. — *R.*

Yonne : St-Sauveur (Rob.-Desv.). — (2).

Par places, de la Scandinavie à la Grèce. Caucase.

2e GROUPE (*Xylotrechus* Chevr.).

3. C. rusticus Linné, 1758, Syst. Nat., ed. X, I, p. 398. — *liciatus* Linné, 1767 ; — Muls., Longic., ed. 1, p. 78 ; ed. 2, p. 147. — *hafniensis* Fabr., 1775. — *variegatus* * Fourc., 1785. — *signatus* Fourc., 1785. — *octonotatus* Gmel., 1789.

Sur le tronc des *Populus* abattus!; aussi sur *Fagus silvatica*, d'après Kaltenbach. — Mai-juillet. — *A.R.*

S.-et-O. : Chaville (d'Orb.!); Marnes (Seyrig) ; St-Germain !. — S.-et-M. : Fontainebleau. — [Loiret] : env. de Gien (Pyot). — Yonne :

---

(1) Aussi, d'après Schiödte, sur *Fagus silvatica*.

(2) Mulsant (loc. cit.) le signale de Paris et Mocquerys (Cat., 2e suppl., p. 10), de la Seine-Inférieure ; ces deux renseignements paraissent erronés.

Sens (Loriferne); Joigny; Auxerre (Nicolas); Châtel-Censoir (Cotteau).
— Côte-d'Or : Rouvray (Émy); etc. — Aube : Troyes (Le Gd.); Fouchy (Laverdet). — Oise : Compiègne (Ch. Martin!). — Somme : Péronne (Dermigny); Roye; Amiens (Obert); Hangest-sur-Somme (Delaby).

Europe. Sibérie.

4. **C. arvicola** Ol., 1795, Ent., IV, gen. 70, p. 64, tab. 8, f. 93; —
Muls., Longic., ed. 1, p. 77; ed. 2, p. 150; — Perris *(mœurs),* Larves
(1877), p. 458. — *arietis* ‡ Fabr., 1792 (*nec* Linné).

Chantiers, tas de bois, haies, etc.; sur la plupart des arbres non résineux. Perris a trouvé la larve sur un Mûrier; elle creuse ses galeries à
la surface de l'aubier. — Juin, juillet. — *A.R.*

Seine : parc d'Asnières (Ch. Bris.!). — S.-et-O. : St-Germain (id.!);
Grignon (de Guerpel); Bouray!. — S.-et-M. : Fontainebleau!. — [Loi-
ret] : env. de Gien (Pyot). — Yonne : Auxerre (Nicolas); Chatellux
(id.); Avallon!; St-Sauveur (Rob.-Desv.). — [Côte-d'Or] : Dijon (Tar-
nier). — Aube : Troyes (Le Gd.). — Oise : Compiègne (Lartigue!). —
Eure-et-Loir : Chartres (Nicolas).

Presque toute l'Europe [de la Livonie à l'Andalousie et à la Grèce].
Caucase.

5. **C. antilope** Zett., 1818, *in* Vet. Ac. Handl., 1818, p. 257; — Muls.,
Longic., ed. 1, p. 79; ed. 2, p. 152. — *hieroglyphicus* Drap., 1819.

Bois et vergers; sur les tas de bois. D'après Perris (Larves, p. 458), la
larve vit dans le Chêne. — Mai-juillet. — *RR.*

Paris (A. Dubois), sans doute accidentellement. — Aube : Troyes
(d'Antessanty!), 2 ex., dans un bûcher (1).

Par places, dans presque toute l'Europe. Caspienne. Algérie [Edough!].

3e GROUPE (*Clytus s. str.*).

6. **C. cinereus** Lap. et Gory, 1836, Mon. Gen. Clyt., p. 68. tab. 13.
f. 79; — Muls., Longic., ed. 2, p. 154. — *Duponti* Muls., Longic.,
ed. 1, p. 84. — *Sterni* Kr., 1870; — (cf. Fauvel, *in* Rev. d'Ent., 1884.
p. 341). — *Aubouëri* * Desbr., 1873.

____

(1) L'« *antilope* » cité de Rouvray (Côte-d'Or) par Émy (cf. Rouget, Cat.,
p. 256) pourrait bien n'être autre chose que le *C. arietis* L. ou le *C. tropicus*
Panz.

Dans les forêts ; vit dans le bois des Chênes à feuilles caduques (v. Heyden, Bellier). — Été. — *RR*.

S.-et-O. : forêt de St-Germain (Ch. Bris.!). — S.-et-M. : forêt de Fontainebleau (Bonnaire).

France ; Allemagne. Caucase (Ganglbauer).

7. C. tropicus Panz., 1795, Ent. Germ., p. 265 ; — Muls., Longic., ed. 1, p. 75 ; ed. 2, p. 156 ; — Eichhoff *(mœurs), in* Zeit. für Forst- und Jagdwesen, XI (1883), p. 221 ; — Decaux *(larve), in* Feuille des J. Nat., XIII (1884), p. 53. — *mucronatus* Lap. et Gory, 1836.

Bois et chantiers ; sur les tas de bois. Se développe dans les branches du Chêne (Decaux, l. c.). — Juin. — *R*.

Seine : Bois-de-Boulogne (Decaux). — S.-et-O. : forêt de St-Germain (Ch. Bris.!). — Oise : chantiers de Compiègne !. — S.-et-M. : Fontainebleau !. — Yonne : Avallon (Nicolas). — Côte-d'Or (Rouget).

Europe moyenne.

8. C. arietis Linné, 1758, Syst. Nat., ed. X, I, p. 399 ; — Muls., Longic., ed. 1, p. 78 ; ed. 2, p. 161 ; — Perris *(métam.), in* Ann. Soc. ent. Fr., 1847, p. 547, tab. 9, II, f. 1-4 ; — id., Larves (1877), p. 453 ; — (cf. Rupertsb., Biol. d. Käf., p. 237). — *gazella* Fabr., 1792 (1).

Sur les buissons en fleur, les tas de bois, etc. La larve paraît polyphage : Perris l'a trouvée dans les branches et jeunes tiges mortes du Merisier à grappes, du Mûrier et du Sycomore ; M. L. Carpentier l'a observée dans un tronc de Pommier mort. — Mai-juin. — *CC*.

Tout le bassin de la Seine. — Toute l'Europe. Caucase. Algérie ! Madère (Wollaston).

La var. *Bourdilloni* Muls. est une aberration très rare dans laquelle les 1re et 2e bandes jaunes des élytres sont presque entièrement confluentes ; elle est signalée de Versailles (Bourdillon, coll. Dupont), Dijon (J. Saintpère), etc.

---

(1) Ent. Syst., I, 2, p. 333-334. — La description complète du *gazella* est fort claire, si l'on se souvient que l'« *arietis* », auquel le compare Fabricius, est le *C. arvicola* Ol.; d'ailleurs les mots « *antennae basi ferrugineae, apice nigrae* » ne sauraient s'appliquer au *C. rhamni*.

Il est à noter que le *C. arietis* L. (*nec* Fabr.) a souvent les fémurs noirâtres, comme l'indique la diagnose du *gazella* Fabr.

9. **C. rhamni** Germ., 1817, Reise Dalm., p. 223, tab. 9, f. 5 ; —
Muls., Longic., ed. 2, p. 163 ; — Perris *(métam.)*, Larves (1877), p. 457.
— *temesiensis* Germ., 1824. — *Bellieri* Gaut., 1862. — *gazella* ‡ Lap. et
Gory *(nec* Fabr.) ; — Muls., Longic., ed. 1, p. 82.

Sur les buissons et les fleurs en ombelles. Perris a observé la larve
dans un vieux piquet de *Robinia*, creusant ses galeries dans l'aubier ;
l'éclosion a eu lieu en juin. — *A.C.*

Presque tout le bassin de la Seine, sauf la Basse-Normandie et la Picardie. — Europe moyenne et méridionale. Caucase ; Caspienne.

4e GROUPE (*Clytanthus* J. Thoms.).

10. **C. trifasciatus** Fabr., 1781, Sp. Ins., I, p. 244 ; — Muls.,
Longic., ed. 1, p. 87 ; ed. 2, p. 166. — *portugallus* Gmel., 1789. —
aegyptiacus ‡ Ganglb. *(olim)*.

Côteaux secs ; sur les fleurs d'*Eryngium*!. — Juillet, août. — [*RR.*]

S.-et-O. : colline de Bouray, derrière le parc (Marmottan!, août
1879), 2 ex. — Aube : côte de Vauvrière, près Bar-sur-Seine (d'Antessanty!). — [Côte-d'Or] : L'Étang-Vergy (J. Saintpère) ; Reulle (P. Gre-
meau).

Europe méridionale, commun. Asie Mineure. Algérie!.

11. **C. figuratus** Scop., 1763, Ent. Carn., p. 55, fig. 176. —
lamda Schrank, 1776. — *plebejus* Fabr., 1781 ; — Muls., Longic., ed. 1,
p. 85 ; ed. 2, p. 175. — *funebris* Laich., 1784.

Sur les arbres et buissons en fleur et les fleurs en ombelles. — Juin,
juillet.

S.-et-M. : Fontainebleau!. — Très répandu dans le sud du bassin de
la Seine [Yonne, Côte-d'Or, Aube, Loiret] (1).

Suède ; Courlande ; Europe moyenne et méridionale. Lenkoran (Ménétriés). Sibérie.

12. **C. sartor** F. Müller, 1766, *in* Mélang. Soc. roy. Turin, III,
p. 188 (2). — *massiliensis* Linné, 1767, Syst. Nat., ed. XII, I, p. 1067 ;

(1) Accidentellement dans Paris (A. Dubois). — Cité aussi d'Abbeville (Somme)
au Cat. Marcotte, mais très douteux.

(2) Substituez, p. 32, le nom de *sartor* Müll. à celui de *massiliensis* L.

— Muls., Longic., ed. 1, p. 83 ; ed. 2, p. 180 ; — Perris *(métam.)*, Larves (1877), p. 456. — *rusticus* Fourc., 1785. — *leucozonias* Gmel., 1789. — *corsicus* * Chevr., 1882.

Friches, talus secs, bords des chemins, etc. Sur les fleurs d'Ombellifères, d'*Achillea*, etc., exposées au soleil. La larve a été observée par Perris dans de vieux piquets en bois de *Castanea* et de *Robinia*. — Juin, juillet.

Très commun à Paris ! et dans toute la partie sud du bassin de la Seine ; rare vers le nord. — Eure : Cocherel (Rég.). — Calv. : Beuzeval (Seyrig). — Somme : marais de Camon (Dourlens); Montdidier (E. Colin).

La var. *ruficollis* Muls. est signalée du département de la Côte-d'Or (*in* Rev. d'Ent., 1884, p. 345).

Europe moyenne et méridionale. Caucase ; Caspienne ; Sibérie.

13. **C. varius** F. Müller, 1766, *in* Mélang. Soc. roy. Turin, III, p. 188 (1). — *verbasci* Linné, 1767, Syst. Nat., ed. XII, I, p. 640 ; — Muls., Longic., ed. 2, p. 168 ; — cf. Guillebeau, *in* Ann. Soc. ent. Fr., 1889, p. XIX ; — Perris *(métam.)*, Larves (1877), p. 454, fig. 461-462 ; — V. Mayet *(id.)*, Ins. de la Vigne, p. 348 (1889). — *nigro-fasciatus* * Göze, 1777. — *ornatus* Herbst, 1784 ; — Muls., Longic., ed. 1, p. 89. — *gammoides* * Fourc., 1785. — *C-duplex* Scop., 1786-88. — *strigosus* Gmel., 1790.

Endroits chauds et découverts, surtout sur les fleurs d'Ombellifères (*Eryngium* !, etc.). La larve, signalée par Perris dans les échalas et piquets en bois de *Castanea* et de *Robinia*, vit aussi dans les vieilles souches de Vigne (V. Mayet, loc. cit.). — Juillet-septembre. — [*RR.*]

S.-et-O. : Brunoy (A. Dubois); forêt de Marly ; Grignon (de Guerpel). — Orne : bois de Chérencei !. — [Sarthe] : Le Chevain, près Alençon (de Beauchêne). — Yonne : St-Sauveur (Rob.-Desv.). — [Nièvre] : forêt de Vincence (É. Blanc !).

Scandinavie (Thomson); Europe méridionale, commun. Orient; Caucase; Caspienne; Sibérie.

14. **C. Herbsti** Brahm, 1790, Ins. Kalend., I, p. 148. — *sulfureus* Schaum, 1862 ; — Muls., Longic., ed. 2, p. 170. — *verbasci* ‡ Fabr.; — Muls., Longic., ed. 1, p. 90 ; — Ganglb., Best.-Tabell., VII, p. 53.

(1) Substituez, p. 82, le nom de *varius* Müll. à celui de *verbasci* L.

Parcs, sur les *Tilia* (Rouget); vignes et autres endroits cultivés, sur les échalas, les piquets, parfois aussi sur les fleurs en ombelles. — Juin, juillet. — *R.*

Seine : Bois-de-Boulogne (Bellier); Pierrefitte (d'Orb.!); Montrouge!; Sceaux, route de Robinson (A. Lév.!); Clamart (Ch. Bris.); Choisy-le-Roi (A. Dubois). — S.-et-O. : Marly (Ch. Bris.!); Grignon (de Guerpel). — [Côte-d'Or] : parc de Dijon (Rouget!). — Eure : Cocherel (Rég.!). — Somme : bois de Villers-Tournelle (S. Bazin).

Europe septentrionale et moyenne. Sibérie.

15. **C. pilosus** Forster, 1771, Nov. Spec. Ins., p. 44 (1). — *glabro-maculatus* * Göze, 1777. — *villosus* * Fourc., 1785. — *quadripunctatus* Fabr., 1792; — Muls., Longic., ed. 1, p. 91; ed. 2, p. 173; — Ch. Waterhouse *(larve)*, *in* Ann. Mag. Nat. Hist., ser. 4, XVI (1875), p. 235; — Perris *(métam.)*, Larves (1877), p. 455, fig. 463-464.

Cultures, chantiers et habitations; vit dans les bois secs non résineux : *Juglans, Castanea, Robinia* (Perris, l. c.), *Vitis* (L. Carpentier, *in* Bull. Soc. linn. Nord de la Fr., IV, p. 178), etc. — Juillet, août. — *A.C.*

Presque tout le bassin de la Seine (paraît manquer en Basse-Normandie). — Europe moyenne et méridionale. Nord de l'Afrique.

5e GROUPE (*Anaglyptus* Muls., 1839).

16. **C. mysticus** Linné, 1758, Syst. Nat., ed. X, 1, p. 398; — Muls., Longic., ed. 1, p. 93; ed. 2, p. 187; — Schiödte *(métam.)*, *in* Nat. Tidss., X (Met. El., IX), p. 411 et 445, tab. xiv, f. 22-25. — *quadricolor* Scop., 1763.

Pays un peu froids; bois, chantiers, etc., sur les arbres et buissons en fleur (*Crataegus*, arbres fruitiers, etc.). Vivrait dans le bois des *Tilia* et *Quercus*, d'après Schiödte; v. Heyden (Käf. Nassau, p. 331) signale la larve dans l'*Acer campestre*. — Mai, juin. — *R.*

S.-et-O. : St-Germain (Ch. Bris.!); Chambourcy (Ch. Martin!). — S.-et-M. : Fontainebleau (id.!). — [Loiret] : env. de Gien (Pyot!). — Yonne : Toucy (Loriferne); Châtel-Censoir (Cotteau); St-Sauveur (Rob.-Desv.). — Côte-d'Or : Semur (Rouget); Rouvray (Emy). — Aube : Troyes (Le Gd.); Les Tauxelles (Laverdet). — Aisne : Villers-Cotterets

(1) La forme typique, *pilosus* Forst., est propre à l'Andalousie et au nord de l'Afrique; on ne trouve en France que la var. *glabro-maculatus* Göze.

(É. Blanc!). — Oise : Marivault (L. Carp.) — Somme : Roye et alentours d'Amiens (Obert). — Eure : Évreux (Rég.). — S.-Inf. : La Londe (Power); forêts de Rouen (Mocq.!).

Presque toute l'Europe, surtout dans les forêts froides ou élevées. Caucase; Caspienne.

30. Genre Cerambyx Linné, 1758, Syst. Nat., ed. X, I, p. 342 et 388.
(Voyez p. 32.)

1. C. cerdo Linné, 1758, Syst. Nat., ed. X, I, p. 392 ; — Muls., Longic., ed. 2, p. 59 ; — Judeich et Nitsche *(mœurs et métam.)*, Lehrb. Forstins., p. 580, fig. 179, 180, 182. — *heros* Scop., 1763 ; — Muls., Longic., ed. 1, p. 30 ; — Ratzeb. *(métam.)*, Forstins., p. 194, tab. 16, f. 3 ᶜ ᵒ ᵍ (1).

Sur le tronc et les grosses branches des vieux *Quercus*, où vit la larve!. Crépusculaire. — Juillet, août.

Seine : Bois-de-Boulogne, côté d'Auteuil!. — S.-et-O. : forêt de St-Germain, Les Loges (Ch. Bris.!). — S.-et-M. : forêt de Fontaine-bleau!. — [Loiret] : env. de Gien. — Yonne : Villemanoche (Tavoillot); St-Sauveur (Rob.-Desv.). — Côte-d'Or : Rouvray (Emy); etc. — Aube : Racines (Cat. Le Gd.). — Oise : forêt de Compiègne!. — Somme : chantiers d'Amiens (Dufetel).

Europe moyenne et méridionale. Nord de l'Afrique (var. *Mirbecki* * Luc.)!. Caucase, Caspienne, Asie Mineure, Syrie (var. *acuminatus* Motsch.).

2. C. miles Bonelli, 1812, Mem. Soc. Agr. Torin., IX. p. 178, tab. 5, f. 26 ; — Muls., Longic., ed. 1, p. 31 ; ed. 2, p. 63 (2). — *nodulosus* Germ., 1817 (*nec* auct.). — *militaris* Latr., 1829.

(1) Cf. Rupertsb., Biol. d. Käf., p. 234.
Le « *C. cerdo* », dont Schiödte a publié la larve, paraît se rapporter au *C. Scopolii* Fuessl. et non au *C. cerdo* L. comme l'indique Rupertsberger. — Par contre, Perris (Larves de Coléoptères, 1877, p. 422, fig. 417-420) a décrit les premiers états du *C. Mirbecki* Luc., qui n'est qu'une race méridionale du *C. cerdo* L.

(2) Horvath (*in* Rovart Lapok, 1884, p. 133, fig. 33-34) a décrit, sous le nom de *C. miles*, une larve nuisible aux vignes de Hongrie, mais comme l'auteur prétend qu'elle est apode, souterraine et capable d'attaquer extérieurement le pied des vignes, il est bien douteux qu'elle appartienne au genre *Cerambyx* (cf. V. Mayet, Ins. de la Vigne, 1889, p. 352).

Surtout sur les *Crataegus* et *Amygdalus* (V. Mayet, Ins. de la Vigne, p. 352). — [*RR.*]

Yonne : Coulanges-la-Vineuse (Dr Populus); Avallon (Nicolas). — [Côte-d'Or] : env. de Dijon (Rouget). — [Loiret] : env. de Gien (Pyot).

Europe méridionale. Caucase, Asie Mineure, Syrie (Ganglbauer).

3. **C. Scopolii** Fuesslin, 1775, Verz. Schweiz. Ins., p. 12 ; — Muls., Longic., ed. 2, p. 66. — *piceus* * Fourc., 1785. — *paludivagus* * Luc., 1842. — *cerdo* ‡ Scop. (*nec* Linné); — Muls., Longic., ed. 1, p. 31 ; — Schiödte *(larve)*, in Nat. Tidss., X (Met. El., IX), p. 403, tab. 15, f. 1-10 ; — Perris *(id.)*, Larves (1877), p. 421.

Sur les vieux arbres fruitiers (*Prunus Cerasus, P. armeniaca, Pirus Malus*) et les Amentacées (*Castanea, Carpinus, Juglans,* etc.), où vit la larve ; souvent aussi sur les fleurs de *Crataegus, Spiraea, Viburnum,* etc. Diurne. — Mai-juillet. — *C.*

Tout le bassin de la Seine. — Toute l'Europe. Caucase ; Asie Mineure (Ch. Martin !). Algérie orientale ! ; Kroumirie (Warion !).

4e Tribu. **Lamiini.**

31. Genre **Dorcadion** Fischer de Wald., 1823, Entom. Russ., II, p. 239, tab. L. — (Voyez p. 36.)

1. **D. fuliginator** Linné, 1758, Syst. Nat., ed. X, I, p. 393 ; — Ganglb., Best.-Tabell., VIII, p. 39 ; — V. Mayet *(nymphe)*, in Ann. Soc. ent. Fr., 1882, p. LX. — *ovatum* Sulz., 1776. — *fasciatum* Fourc., 1785.

Terrains calcaires ; sur les talus gazonnés, le long des chemins, etc. La larve vit à la racine des Graminées ; la nymphose a lieu en automne ; l'adulte sort en avril et mai. — *C.* (1).

Seine : Paris et alentours !. — S.-et-O. : Chaville ! ; St-Germain ! ; Champrosay (Bellier). — S.-et-M. : Fontainebleau (Chevrolat). — [Loiret] : env. de Gien (Pyot). — Yonne : Sens (Loriferne) ; St-Florentin (La Brûl.); Voisines (Deschamps) ; Gy-l'Évêque (Dr Populus); St-Sauveur (Rob.-Desv.). — Côte-d'Or : Montbard !. — Aube : Troyes (Le Gd.).

(1) Le type (sans bandes élytrales) est de beaucoup la forme la plus répandue dans le bassin de la Seine ; la var. *ovatum* Sulz. (*vittigerum* Fahr.) est moins commune et se trouve surtout en Seine-et-Oise ; c'est elle aussi qui figure au Catalogue des Coléoptères de l'Yonne (p. 52) sous le nom de « *meridionale* ».

— Eure : Vernon (Rég.). — S.-Inf. : Rouen, côte Ste-Catherine (Mocq.!).
— Somme, assez commun (Obert).

Belgique ; France, jusqu'aux Pyrénées et aux Alpes ; Suisse ; Allemagne occidentale.

2. **D. molitor** Fabr., 1775, Syst. Ent., p. 176 ; — Ganglb., Best.-Tabell., VIII, p. 33 ; — V. Mayet *(larve)*, *in* Ann. Soc. ent. Fr., 1882, p. LX. — *lineola* Ill., 1806 ; — Muls., Longic., ed. 1, p. 127.

Mêmes mœurs que le précédent.

[Côte-d'Or] : Dijon ; Chenove ; Marsannay-la-Côte (Rouget, Cat., p. 265).

France centrale, vallée du Rhône et région méditerranéenne.

32. Genre **Lamia** Fabr., 1775, Syst. Ent. [char. gen., p. 7], p. 170.
(Voyez p. 37.)

L. textor Linné, 1758, Syst. Nat., ed. X. I, p. 394 ; — Muls., Longic., ed. 1, p. 135 ; ed. 2, p. 275 ; — Candèze *(larve)*, *in* Mém. Soc. sc. Liége, 1853, p. 585, tab. 8, f. 1 [cf. Perris, Larves (1877), p. 473] ; — Judeich et Nitsche *(mœurs et larve)*, Lehrb. Forstins., p. 578.

Pays humides ; sur le tronc des Salicinées. La larve se développe dans le bois vivant de divers *Salix* et *Populus*. — Mai-octobre.

Rare à Paris et en Normandie ; assez commun dans le reste du bassin de la Seine. — Europe. Sibérie.

33. Genre **Morimus** Serv., 1835, *in* Ann. Soc. ent. Fr., 1835, p. 95.
(Voyez p. 37.)

M. asper Sulzer, 1776, Abgek. Gesch. Ins., p. 44, tab. 5, f. 3. — *lugubris* Fabr., 1792 ; — Muls., Longic., ed. 1, p. 133 ; ed. 2, p. 277 ; — Schiödte *(larve)*, *in* Nat. Tidss., X (Met. El., IX), p. 429, tab. 17, f. 17-18 (1).

Forêts et chantiers, sur les troncs d'arbres abattus, sous les vieilles souches, etc. Se développe dans le vieux bois du Chêne, du Peuplier et

______

(1) Voyez p. 37, note 1. On verra (*in* Ann. Soc. ent. Fr., 1841, p. 436, ligne 8) que Goureau n'était pas lui-même bien fixe sur l'identité de la larve qu'il attribuait au *Morimus*.

surtout du Hêtre (lettre de M. Valéry Mayet, 1889). — Fin avril-août. — R. (1).

Yonne : Avallon ! ; St-Sauveur (Rob.-Desv.). — Côte-d'Or : Rouvray (Emy), etc. — Aube : forêt de Clairvaux ; Troyes, chantiers (Le Gd.). — Orne : forêt d'Écouves (de Beauchêne). — [Loiret] : St-Denis-en-Val (Auvert).

Europe méridionale. Caucase ; Asie Mineure ; Turcménie.

34. Genre **Acanthoderes** Serv., 1835, *in* Ann. Soc. ent. Fr., 1835, p. 29. — (Voyez p. 38.)

A. clavipes Schrank, 1781, Enum. Ins. Austr., p. 135. — *varius* Fabr., 1787 ; — Muls., Longic., ed. 1, p. 143 ; ed. 2, p. 298 ; — Perris *(métam.)*, Larves (1877), p. 479, fig. 491-494.

Sur les troncs, morts sur pied, de divers arbres non résineux, tels que *Betula* (Ch. Brisout), *Fagus* (Kriechbaumer), etc. Perris signale la larve sur les *Populus, Salix, Juglans, Tilia* et *Prunus (P. Cerasus)*; elle creuse sa galerie dans les couches inférieures de l'écorce et ne pénètre dans l'aubier que pour se transformer en nymphe. — Juin-septembre. — [RR.]

S.-et-M. : forêt de Fontainebleau, côté de Belle-Croix (Ch. Bris.!). — [Côte-d'Or] : Dijon (Rouget). — S.-Inf. : forêt de La Londe (Levoit.)

Europe, surtout dans les contrées montagneuses. Sibérie orientale.

35. Genre **Acanthocinus** Steph., 1831, Ill. Brit., IV, p. 228 et 231. (Voyez p. 38.)

1. A. aedilis Linné, 1758, Syst. Nat., ed. X, I, p. 392 ; — Muls., Longic., ed. 2, p. 287 ; — Ratzeb., *(métam.)*, Forstins., p. 196, tab. 16, f. 2, ^{h} g ^{k} ; — Schiödte *(id.)*, *in* Nat. Tidss., X (Met. El., IX), p. 424 et 448, tab. 17, f. 10-11. — *marmoratus* Villers, 1789. — *montanus* Serv., 1835 ; — Muls., Longic., ed. 1, p. 145 ; — Perris *(métam.)*, *in* Ann. Soc. ent. Fr., 1856, p. 459, fig. 376-381.

(1) Olivier et quelques autres entomologistes ont confondu cette espèce avec le *Lamia textor* ; il en est résulté certaines erreurs dans les indications de provenance.

Les citations de La Glacière-Paris (Bonnaire) et de Fontainebleau (Fauvel), *in* Rev. d'Entom, 1884, p. 357, paraissent douteuses.

Sur les vieux Pins (*Pinus silvestris,* etc.); la larve vit sous l'écorce des souches et tiges mortes; l'insecte éclôt en août et en septembre et sort dès le premier printemps (Perris).

Naturalisé, par places, aux environs de Paris [Bois-de-Boulogne (Baulny); Marly-le-Roi!; forêt de Fontainebleau!], en Bourgogne, en Champagne et en Normandie.

Europe. Sibérie orientale.

2. **A. reticulatus** Razoumowsky, 1789, Hist. nat. du Jorat, I, p. 152. — *costatus* Fabr., 1792. — *atomarius* Fabr., 1792; — Muls., Longic., ed. 1, p. 147; ed. 2, p. 290; — Perris *(métam.),* Larves (1877), p. 476, fig. 479-482.

Sur les vieux Sapins morts, dont la larve attaque l'écorce (Perris).

[Côte-d'Or] : env. de Dijon (Rouget). — (1).

Europe, parties froides ou montagneuses. Lenkoran (Ménétriés).

36. Genre **Liopus** Serv., 1835, *in* Ann. Soc. ent. Fr., 1835, p. 86.
(Voyez p. 39.)

1. **L. nebulosus** Linné, 1758, Syst. Nat., ed. X, I, p. 391; — Ganglb., Best.-Tabell., VIII, p. 97; — Schiödte *(métam.), in* Nat. Tidss., X (Met. El., IX), p. 426 et 448, tab. 17, f. 12-13; — Perris *(id.),* Larves (1877), p. 477, fig. 484-490. — *monilis* * Fourc., 1785.

Bois, haies, chantiers, etc. Sur les fagots et branchages coupés de la plupart des arbres non résineux (Cupulifères, arbres fruitiers, etc.); la larve vit sous l'écorce des branches récemment mortes; elle est surtout commune dans celles du Charme. — Avril-août. — *C.*

Tout le bassin de la Seine. — Europe septentrionale et moyenne. Caucase (Leder).

2. **L. punctulatus** Payk., 1800, Fn. Suec., III, p. 57; — Ganglb., Best.-Tabell., VIII, p. 97.

Dans les bois. — *RR.*

[Côte-d'Or] : Darois, combe de Neuvon (Rouget, *in* Ann. Soc. ent. Fr., 1876, p. ccxvii).

Europe septentrionale; Allemagne; Alpes. — Très rare partout.

1) D'après **A.** Fauvel (*in* Rev. d'Entom., 1881, p. 373).

37. Genre **Exocentrus** Muls., 1839, Longic., ed. 1. p. 152.
(Voyez p. 40.)

1. E. adspersus Muls., 1846, Col. Fr.. suppl.; — id., Longic., ed. 2, p. 321 ; — Perris *(métam.)*, Larves (1877), p. 480, fig. 495-499. — *Clarae* Muls., 1861. — *Revelierei* Muls., 1875 ; — cf. Perris, loc. cit.. p. 485. — *nebulosus* Fourc. *(verisim.)*, 1785.

Dans les fagots et les menues branches mortes d'Amentacées (*Quercus. Castanea, Alnus, Juglans*) et même de *Robinia*, suivant Perris (loc. cit., p. 483); la larve vit dans les mêmes arbres. — Juin, juillet. — Localisé.

S.-et-O. : forêt de St-Germain !, commun ; Chambourcy (Lucas). — S.-et-M. : forêt de Fontainebleau (Bonn.). — [Côte-d'Or] : env. de Dijon (Rouget !).

Europe moyenne et méridionale. Batoum (Ch. Martin !).

2. E. punctipennis Muls. et Guillebeau, 1856, *in* Ann. Soc. linn. Lyon, III (Opusc. VII), p. 103 ; *(métam.)* p. 105 ; — Muls., Longic., ed. 2, p. 318 ; — Perris *(larve)*, Larves (1877), p. 483. — *Clarae* ‡ Des Gozis *(nec* Muls.).

Sur les branches mortes d'*Ulmus* !. où vit la larve ; le soir, au vol, autour des fagots de même essence. — Juin, juillet. — R.

S.-Inf. : Rouen (Le Bouteiller !). — Oise : faubourgs de Compiègne !. — Yonne : Châtel-Censoir (Nicolas).

France centrale et méridionale ; Suisse ; Corse ; Grèce.

L'« *E. adspersus* » du Cat. Mocquerys (1er suppl., p. 19) se rapporte à l'*E. punctipennis* !.

3. E. lusitanus Linné, 1767, Syst. Nat., ed. XII, I, p. 1067 ; — Muls., Longic., ed. 2, p. 323. — *lusitanicus* Ol., 1795. — *crinitus* Panz., 1795. — *balteatus* ‡ Gyll. *(nec* Fabr.); — Muls., Longic., ed. 1, p. 153 ; — Ganglb., *in* Wien. ent. Zeit., 1883, tab. 4, f. 2 ; — Perroud *(métam.)*, *in* Ann. Soc. linn. Lyon, (1854), p. 321 ; — cf. Perris, Larves (1877), p. 482 ; — Schiödte *(larve)*, *in* Nat. Tidss., X (Met. El.. IX). p. 427, tab. 18, f. 1-2.

Sur les branches mortes des *Tilia* !, où vit la larve. — Juin, juillet. — A.R.

Seine : Paris, Jardin-des-Plantes (Ch. Bris.!); Nogent-sur-Marne (Dubois); La Varenne (Marm.!). — S.-et-O. : St-Germain (Ch. Bris.!). — Yonne : Auxerre (Nicolas); Avallon!; St-Sauveur (Rob.-Desv.). — Côte-d'Or : Rouvray (Emy); etc. — Aube : Troyes (Le Gd.!). — Oise : Chantilly (d'Orb.!). — Somme : Amiens (Obert), bois de Dury (Carp.). — Eure : Évreux (Rég.); Les Andelys (Dr Grenier!).

Europe. Sibérie.

38. Genre **Pogonochaerus** Gemm., 1873, Cat. Coleopt., X, p. 3116.
(Voyez p. 40.)

1er GROUPE (*Pityophilus* || Muls.).

1. **P. ovatus** Göze, 1777, Ent. Beytr., 1, p. 474 (*Ceramb. n° 19* Geoffr.). — *ovatus* Fourc., 1785; — Muls., Longic., ed. 2, p. 302. — *ovalis* Gmel., 1789; — Muls., Longic., ed. 1, p. 155. — *scutellaris* Muls., 1846. — *Schlumbergeri* Duf., 1851.

Haies sèches, fagots, etc. Sur les branches mortes de diverses Amentacées (*Quercus, Castanea, Betula*). Peut-être aussi sur les Abiétinées (1). — Printemps, automne. — A.C.

S.-et-O. : forêt de Bondy (d'Orb.!); Meudon; Chaville (Mp.!); Bougival (Bonn.); St-Germain (Ch. Bris.!). — S.-et-M. : forêt de Fontainebleau !. — [Côte-d'Or] (Rouget). — Oise : Ivry (Carp.). — Somme : Amiens, bois de Dury (Gonse) et Boves (Obert); Ailly-sur-Somme (Carp.). — Eure : Évreux (Rég.). — S.-Inf. : Rouen (Mocq.). — Calv. : Pennedepie (Fauvel). — Orne : bois de Chérencei !.

Europe.

2. **P. fasciculatus** Degeer, 1775, Mém., V, p. 71, tab. 3, f. 17-18; — Muls., Longic., ed. 2, p. 307; — Judeich et Nitsche *(mœurs)*, Lehrb., p. 569. — *setifer* Müll., 1776. — *fasciculatus* Fabr., 1787. — *fascicularis* Panz., 1794; — Muls., Longic., ed. 1, p. 156.

Fagots et branches mortes d'Abiétinées, notamment sur les *Pinus* !. — Dès le mois d'avril; septembre. — Naturalisé par places.

S.-et-O. : Le Vésinet (Ch. Bris.!); St-Germain (id.!). — S.-et-M. :

(1) Mulsant (Longic., ed. 1, p. 156) dit que la larve vit dans les Pins; mais peut-être s'agissait-il du *P. decoratus* Fairm., primitivement confondu avec le *P. ovatus* Göze.

forêt de Fontainebleau !. — [Loiret] : Ouzouer-sur-Trezée (Pyot!), un ex. — Aube : Troyes (d'Antessanty).

Europe septentrionale et montagneuse. Sibérie.

2e GROUPE (*Pogonochaerus s. str.*).

3. P. dentatus * Fourc., 1785, Ent. paris., p. 76; — Muls., Longic., ed. 2, p. 315; — Perris *(métam.)*, Larves (1877), p. 486, fig. 500. — *pilosus* Fabr., 1787; — Muls., Longic., ed. 1, p. 160; — Schiödte *(métam.), in* Nat. Tidss., X (Met. El., IX), p. 428 et 448, tab. 17, f. 14-16. — *hispidus* Linné *(verisim.)*, 1758; — cf. Thoms., Skand. Col., VIII, p. 85.

Sur le menu bois mort de la plupart des arbres non résineux (Amentacées, arbres fruitiers, etc.); aussi dans le Lierre (*Hedera helix*) et le Gui (*Viscum album*); la larve est également polyphage. — De mars à novembre. — *CC.*

Tout le bassin de la Seine — Toute l'Europe. Caucase. Batoum (Ch. Martin !). Algérie : Edough !.

4. P. hispidulus Piller, 1783, Iter Poseg. Sclav,, p. 35. — *bidentatus* Thoms., 1866, Skand. Col., VIII, p. 85. — *hispidus* ‡ Fabr.; — Muls., Longic., ed. 1, p. 159; ed. 2, p. 309; — Perris *(larve)*, Larves (1877), p. 488.

Dans les fagots et menues branches mortes de divers arbres non résineux, notamment des Amentacées. — Printemps ; automne. — *A.C.*

S.-et-O. : St-Germain (Ch. Bris.!). — S.-et-M. : forêt de Fontainebleau !. — [Loiret] : env. de Gien (Pyot). — Yonne : Coulanges-la-Vineuse (Dr Populus); St-Aubin-Châteauneuf (Loriferne); St-Sauveur (Rob.-Desv.) ; Châtel-Censoir (Cotteau). — [Nièvre] : Glux (d'Orb.!). — Côte-d'Or : Rouvray (Emy); etc. — Oise : Compiègne (Sed.!). — S.-Inf. : forêt Verte et Orival (Mocq.!). — Orne : La Ferté-Macé (Lév.).

Europe septentrionale et tempérée. Circassie. — Madère (Woll.)?.

39. Genre **Deroplia** Rosenh., 1847, Beitr. Ins. Eur., I, p. 59.
(Voyez p. 42.)

D. Genei Aragona, 1830, De quib. Col. Ital., p. 25; — R. de Tinseau *(mœurs), in* L'Abeille, XVIII, Nouv., p. 124 (1880). — *Foudrasi*

Muls., 1839, Longic., ed. 1, p. 162, tab. 3, f. 5; ed. 2, p. 327; — *oblique-truncata* Rosenh., 1847.

Dans les branches mortes de divers Chênes (1) et probablement aussi, d'après Bauduer, dans celles du Châtaignier. — Automne, hiver, premier printemps. — *RR.*

S.-et-M. : forêt de Fontainebleau (Bonnaire).

France méridionale; Italie : Piémont (Baudi) et vallée du Tessin (Gené); Hongrie (Rosenhauer). Caucase (Leder!). — (2).

39 *bis*. Genre **Parmena** Serv., 1835, *in* Ann. Soc. ent. Fr., 1835, p. 98. — (Voyez p. 35.)

P. balteus Linné, 1767, Syst. Nat., ed. XII, I, p. 1067. — *fasciata* Villers, 1789; — Muls., Longic., ed. 1, p. 121; ed. 2, p. 247; — Schiödte *(larve)*, *in* Nat. Tidss., X (Met. El., IX), p. 427, tab. 18, f. 1-2; — Rey *(métam.)*, *in* Ann. Soc. linn. Lyon, XXXIII (1887), p. 233, tab. 2, f. 26. — *unifasciata* Rossi, 1790. — *balteata* Fabr., 1792.

Bois morts, fagots, Lierres; la larve a été observée dans les tiges du Lierre *(Hedera helix)*, du Sureau et de l'Orme (Rey, l. c.). — D'août à mai. — [R.]

Marne : Reims, dans un jardin (Ch. Demaison!). — [Côte-d'Or] : Dijon; Flavignerot; etc. (Rouget, Cat., p. 264).

France méridionale; Italie; Tyrol méridional; Illyrie (3).

40. Genre **Haplocnemia** Steph., 1831, Ill. Brit., IV, p. 228 et 236. (Voyez p. 42.)

1. H. curculionoides Linné, 1758, Syst. Nat., ed. X, I, p. 822; — Muls., Longic., ed. 1, p. 167; ed. 2, p. 332. — *oculata* * Fourc., 1785.

(1) Bellier (*in* Feuille des J. Nat., XIII [1883], p. 126) a observé le *D. Genei* dans les branches supérieures des *Quercus ilex* et *Q. suber* attaquées par le *Coroebus fasciatus* Villers (*bifasciatus* Ol.).

(2) Cité d'Algérie par erreur *in* Ann. Soc. ent. Fr., 1874, p. ccxlix. Les exemplaires signalés se rapportent au *D. Troberti* Luc. (lettre de M. le Dr Puton).

(3) La deuxième espèce française, *P. Solieri* Muls., se reconnaît aux poils dressés qui hérissent les antennes et la surface du corps. Elle est spéciale à la zone méditerranéenne et se développe dans les tiges d'*Euphorbia characias.*

Forêts, chantiers, etc., sur les tas de bois et les arbres morts, surtout les Amentacées. — Printemps, été, automne. — *A.C.*, par places.

Chantiers de Paris. — S.-et-O. : St-Germain !. — S.-et-M. : Fontaine-bleau !. — [Loiret] : St-Denis-en-Val (Auvert). — Yonne : St-Sauveur (Rob.-Desv.). — [Côte-d'Or] : Dijon, etc. (Rouget). — Aube : Troyes (Le Gd.!); Palis (Garnier). — Oise : Compiègne (d'Orb.!). — Somme : Péronne (Scalabre). — S.-Inf. : Orival (Levoit.).

Presque toute l'Europe.

2. H. nebulosa Fabr., 1781, Sp. Ins., I, p. 218. — *nebulosa* Fourc., 1785. — *brevis* Villers, 1789. — *nubila* Gmel., 1789 ; — Muls., Longic., ed. 1, p. 168 ; ed. 2, p. 334 ; — Schiödte *(métam.), in* Nat. Tidss., X (Met. El., IX). p. 436 et 450, tab. 17, f. 19-20 ; — Perris *(id.),* Larves (1877), p. 491, fig. 501-505.

Sur les branches sèches des Amentacées et de quelques autres arbres non résineux ; la larve vit dans le bois devenu friable ; on trouve sur-tout l'adulte en cassant les branches de Chênes tombées pendant l'hiver !. — Presque toute l'année. — *A.C.*

Tout le bassin de la Seine. — Europe. Caucase. Caspienne. Algérie : Edough !. Kroumirie (Sedillot !).

41. Genre **Anaesthetis** Muls., 1839, Longic., ed. 1, p. 166 et 171.
(Voyez p. 43.)

A. testacea Fabr., 1781, Sp. Ins., I, p. 235 ; — Muls., Longic., ed. 1, p. 171 ; ed. 2, p. 340 ; — Perris *(métam.),* Larves (1877), p. 495, fig. 508-513. — *livida* Herbst, 1784. — *teutonica* Gmel., 1789. — ? *fusca* Fourc., 1785.

Taillis et arbres rabougris ou rongés par les Mammifères ; grimpe vers le soir sur les tiges et menues branches des Amentacées (*Quercus, Castanea, Corylus, Alnus, Salix*) et des arbres fruitiers ; la larve est éga-lement polyphage. — Mai-août. — *A.C.*, par places (*RR.* en Normandie et Picardie).

S.-et-O. : Meudon (Rég.); forêt de St-Germain (Ch. Bris.!); Brétigny-sur-Orge (Sedillot!). — [Loiret] : env. de Gien (Pyot!). — Yonne : Sens (Loriferne); Coulanges-la-Vineuse (Dr Populus); Avallon !; Saint-Sauveur (Rob.-Desv.). — [Nièvre] : Cercy-la-Tour (É. Blanc!). — Côte-d'Or : Rouvray (Emy); etc. — Aube : Troyes ; Le Labourat

(Le Gd.!); — Oise : Marquemont (L. Carp.). — Somme : Longueau (Delaby). — Calv. : St-Pierre-sur-Dives (Brébisson).

Courlande ; Europe moyenne et méridionale. Caucase ; Caspienne ; Sibérie ; Asie Mineure ; Syrie (Ganglb.).

42. Genre **Saperda** Fabr., 1775, Syst. Ent. [char. gen., p. 7], p. 184.
(Voyez p. 43.)

1er GROUPE (*Compsidea* Muls.).

1. S. populnea Linné, 1758, Syst. Nat., ed. X, I, p. 394 ; — Muls., Longic., ed. 1, p. 183 ; ed. 2, p. 371 ; — Ratzeburg *(mœurs et métam.)*, Forstins., p. 192, tab. 16, f. 5 [b c], et tab. 18, f. 3-4 ; — Schiödte *(métam.), in* Nat. Tidss., X (Met. El., IX), p. 439 et 450 ; — cf. Rupertsb., Biol. d. Käf., p. 242. — *betulina* * Fourc., 1785.

Surtout dans les bois. Sur le *Populus Tremula*! ; la larve se développe dans les rameaux vivants, où sa présence détermine des renflements noueux. — Fin mai, juin. — *C.*

Tout le bassin de la Seine. — Toute l'Europe. Sibérie.

2e GROUPE (*Anaerea* Muls., *Amilia* Muls.).

2. S. carcharias Linné, 1758, Syst. Nat., ed. X, I, p. 394 ; — Muls., Longic., ed. 1, p. 184 ; ed. 2, p. 374 ; — Ratzeburg *(mœurs et métam.)*, Forstins., p. 191, tab. 16, f. 4 [b c g h], et tab. 18, f. 5-6 ; — Schiödte *(métam.), in* Nat. Tidss., X (Met. El., IX), p. 437 et 450, tab. 18, fig. 11-16 ; — cf. Rupertsb., Biol. d. Käf., p. 242 ; — Judeich et Nitsche, Lehrb., p. 572.

Sur diverses espèces de *Populus* indigènes ou cultivés ; la larve se développe dans le bois des arbres vivants ; l'adulte vole à la tombée du jour. — Juin-septembre. — *A.C.*

Tout le bassin de la Seine, abondant par places et par années. — Europe. Caucase (Ratzeburg) ; Sibérie.

3. S. similis Laich., 1784, Verz. Tyr. Ins., II, p. 31. — *phoca* Frölich, 1793 ; — Muls., Suppl. aux Longic., 1845 ; Longic., ed. 2, p. 376 ; — Erné *(larve), in* Mitth. Schweiz. Ges., IV, p. 135 (1873).

Pays froids ou accidentés. Sur le *Salix caprea*!, où vit la larve. — Juin, juillet. — *RR.*

S.-et-O. : Le Vésinet (Ch. Bris.!); S‑Germain (id., 1889); Satory, près Versailles (Nicolas). — Yonne : Avallon, au Bois-Dieu !. — [Côte-d'Or] : Dijon, ligne de Paris-Lyon (Rouget). — Oise : Compiègne (Chevrolat, 1850). — [Ardennes] : Escombres (abbé Hénon).

Suède; Allemagne; Suisse; France [jusqu'aux Alpes et aux Pyrénées].

3e GROUPE (*Saperda s. str.*).

4. S. scalaris Linné, 1758, Syst. Nat., ed. X, I, p. 394; — Muls., Longic., ed. 1, p. 188; ed. 2, p. 378; — Perris *(métam.)*, Larves (1877), p. 506; — cf. Rupertsb., Biol. d. Käf., p. 242; — J. Fallou *(mœurs)*, *in* Ann. Soc. ent. Fr., 1883, p. cxxxiv, et 1887, p. xvii.

Vit dans le bois mort de quelques arbres fruitiers, notamment du Cerisier !, et de plusieurs Amentacées, surtout du Noyer (Perris). — De la fin d'avril à la mi-juin. — *A.R.*

Tout le bassin de la Seine — Toute l'Europe. Caucase; toute la Sibérie.

4e GROUPE (*Argalia* Muls.).

5. S. punctata Linné, 1767, Syst. Nat., ed. XII, I, p. 1067. — Muls., Longic., ed. 1, p. 187; ed. 2, p. 383; — Perris *(larve), in* Ann. Soc. ent. Fr., 1847, p. 549, tab. 9, ii, f. 5-7; — id., Larves (1877), p. 507. — *decempunctata* Villers, 1789.

Vit dans les grosses branches et le tronc des *Ulmus* morts; éclôt en mai et juin (Perris). — *RR.*

Yonne : S‑Sauveur (Rob.-Desv.).

Europe moyenne et méridionale. Algérie.

6. S. octopunctata Scop., 1772, Annus V hist. nat., p. 101. — *tremula* Fabr., 1775. — *tremulae* Gyll.; — Muls., Longic., ed. 1, p. 185; ed. 2, p. 382.

Sur les *Tilia* (Schrank, etc.), surtout sur *T. microphylla* (Rouget, Cat., p. 266); sort entre quatre heures et sept heures et demie du soir. — Fin mai-juillet. — *RR.*

Seine : Vaugirard (de Baran !), une fois, en nombre; Ivry (Mors). — [Côte-d'Or] : parc et avenues de Dijon (Rouget!).

Europe septentrionale et moyenne.

43. Genre Tetrops Steph., 1831, Ill. Brit., IV, p. 228 et 241.
(Voyez p. 44.)

T. praeusta Linné, 1758, Syst. Nat., ed. X, I, p. 399 ; — Muls., Longic., ed. 1, p. 190 ; ed. 2, p. 345 ; — Perris *(métam.),* Larves (1877), p. 497, fig. 514-517. — *pilosa* * Fourc., 1785.

Bois et buissons, sur diverses Rosacées : *Crataegus, Rosa, Pirus Malus* (Perris, l. c.), *Prunus Padus* (Rosenh., *in* Stettin. Zeit., 1882, p. 135) ; la larve vit dans les rameaux. — Avril-juillet. — *CC.*

Tout le bassin de la Seine (1). — Toute l'Europe. Caucase (var. *gilvipes* Fald.) ; Sibérie occidentale (Gebler).

44. Genre Stenostola Muls., 1839, Longic., ed. 1, p. 192.
(Voyez p. 45.)

S. ferrea Schrank, 1776, Beytr. z. Nat., p. 66 ; — Muls., Longic., ed. 2, p. 387. — *plumbea* Bon., 1812. — *nigripes* ‡ Muls., Longic., ed. 1, p. 193 ; — Schiödte *(larve), in* Nat. Tidss., X (Met. El., IX). p. 439, tab. 18, f. 17-18.

Pays froids ou montagneux, dans les taillis et clairières des bois, sur les Noisetiers, les fleurs d'*Anthriscus*, etc. Vit dans les rameaux du *Salix caprea,* d'après Schiödte. — Mai-juillet. — *R.*

Oise : forêt de Chantilly ! ; forêt de Compiègne !. — Marne : Germaine (Ch. Demaison !). — Aube : Vendeuvre (d'Antess.). — Côte-d'Or : Rouvray (Emy) ; Dijon, etc. (Rouget). — [Nièvre] : Glux (d'Orbigny !).

Europe septentrionale et tempérée [jusqu'aux Pyrénées]. Caucase. Sibérie orientale (Kraatz).

45. Genre Oberea Muls., 1839, Longic., ed. 1, p. 192 et 194.
(Voyez p. 45.)

1. O. oculata Linné, 1758, Syst. Nat., ed. X, I, p. 394 ; — Muls., Longic., ed. 1, p. 194 ; ed. 2, p. 390 ; — Perris *(métam.),* Larves (1877), p. 509, fig. 523-526.

(1) La variété a élytres bordées de noir (*Starki* Chevr.), citée plus haut (p. 45, note), a été prise à Bondy par J. Bigot (coll. Mauppin !) et à Berru (Marne) par M. Ch. Demaison !.

Bords des eaux, oseraies et pépinières, sur diverses espèces de *Salix*! (cf. Judeich et Nitsche, Lehrb., p. 577), dont la larve attaque les tiges vivantes. — Fin juin, juillet.

Assez commun, par places, dans presque tout le bassin de la Seine; rare en Basse-Normandie, en Picardie et dans l'Yonne. — Toute l'Europe. Sibérie.

2. O. pupillata Gyll., 1817, *in* Schönh., Syn. Ins., App., p. 185; — Muls., Longic., ed. 1, p. 195; ed. 2, p. 391; — Serville *(mœurs), in* Ann. Soc. ent. Fr., 1844, p. L; — Goureau *(id.), in* Ann. Soc. ent. Fr., 1866, p. 174; — Perris *(larve),* Larves (1877), p. 508.

Jardins et parcs. Vit dans les branches de divers Chèvrefeuilles, notamment *Lonicera Caprifolium* et *L. tatarica*. — Juin-septembre. — *A.R.*

Seine : Passy (Ch. Martin!); Bois-de-Boulogne!. — S.-et-O. : Monval, près Mareil (H. Bris.); Marly (Ch. Bris.!); Versailles (Serville). — S.-et-M. : Coulommiers, Le Marais (id.). — [Loiret] : env. de Gien (Pyot!). — Yonne : Carré-les-Tombes; Avallon; Châtel-Censoir (Nicolas); Sᵗ-Sauveur (Rob.-Desv.). — Côte-d'Or : Rouvray (Emy); etc. — Aube : Troyes, jardins (Le Gd.!). — Marne : Avize (Ch. Demaison). — Oise : Pierrefonds (Lartigue!). — Somme : Péronne (d'Aldin). — S.-Inf. : Elbeuf (Levoit.). — Eure : Évreux (Bellier).

Europe [des provinces baltiques aux Pyrénées]. Sibérie.

3. O. linearis Linné, 1761, Fn. Succ., ed. 2, p. 191; — Muls., Longic., ed. 1, p. 197; ed. 2, p. 395; — Rösel *(métam.),* Ins. Belust., II, cl. 2, p. 21, tab. III; — Ratzeburg *(mœurs et larve),* Forstins., p. 193, tab. 16, f. 6 et 6ᶜ, et tab. 17, f. 1-2; — cf. Perris, Larves (1877), p. 508. — *parallela* Scop., 1763. — *fulvipes* * Fourc., 1785.

Bois, parcs et bosquets, exclusivement sur les Noisetiers (*Corylus avellana* et *C. colurna*); se tient sur les feuilles de trois heures à cinq heures du soir et vole ensuite; la larve vit dans les rameaux. — Fin mai, juin. — *A.C.*

Tout le bassin de la Seine. — Toute l'Europe. Sibérie.

4. O. erythrocephala Schrank, 1776, Beytr. z. Naturg., p. 67; — Muls., Longic., ed. 1, p. 198; ed. 2, p. 393; — Xambeu *(métam.), in* Ann. Soc. linn. Lyon, XXIX, p. 133.

Bords des rivières, sur divers *Euphorbia* (*E. Edula*, *E. Cyparissias*, *E. Peplis*, *E. Gerardiana*). — *R.*

Marne : Rilly-la-Montagne (Ch. Demaison !). — Aube : St-Julien (Millot, Cat. Le Grand) ; Verrières, près du déversoir de la Seine (d'Antessanty !). — [Côte-d'Or] : Dijon (Rouget !). — [Loiret] : Gien, bords de la Loire (Pyot !).

Europe tempérée. Caucase.

46. Genre **Phytoecia** Muls., 1839, Longic., ed. 1, p. 192 et 199. (Voyez p. 46.)

1. P. rubro-punctata Göze, 1777, Ent. Beytr., I, p. 507 (*Leptura* n° 9 Geoffr.). — *punctata* Fourc., 1785. — *Jourdani* Muls., 1839, Longic., ed. 1, p. 202, tab. 3, f. 7 ; ed. 2, p. 405.

Endroits chauds, pelouses sèches (vit peut-être sur quelque *Artemisia*); s'envole, à la façon des Cicindèles, dès qu'on l'approche. — Avril, mai — *RR.*

[Côte-d'Or] : Dijon ; Chambolle (Rouget). — [Loiret] : Ouzouer-sur-Trezée (Pyot !), un ex.

Europe tempérée et méridionale. Caucase.

2. P. virgula Charp., 1825, Horæ entom., p. 225 ; Muls., Longic., ed. 2, p. 411. — *punctata* Gebl., 1830. — *punctum* Mén., 1832 ; — Muls., Longic., ed. 1, p. 203, tab. 2, f. 7.

Bords des rivières. Vit sur le *Tanacetum vulgare* !. — Mai, juin. — *R.*

S.-et-O. : Poissy, rive droite de la Seine ! (1).

Europe tempérée et méridionale. Caucase. Sibérie occidentale.

3. P. ephippium Fabr., 1792, Ent. Syst., I, 2, p. 317 ; — Muls., Longic., ed. 1, p. 206 ; ed. 2, p. 422 ; — Heeger *(métam.), in* Sitzb. Akad. Wiss. Wien, VII (1851), p. 346, tab. 12. — *cylindrica* ‡ Scop.

Se développe à la racine de diverses Ombellifères, notamment *Pastinaca sativa* (Heeger, l. c.) et *Daucus carota* (Lareynie, *in* Ann. Soc. ent. Fr., 1851, p. LIV). — Juin. — *RR.* (2).

(1) En outre, il est probable que le « *P. pustulata* » cité de « Reims (Lebœuf) » *in* Rev. d'Ent., 1884, p. 382, et le « *P. lineola* » signalé des bords de l'Ouche, aux environs de Dijon (Rouget, Cat., p. 268), se rapportent l'un et l'autre au *P. virgula*.

(2) Signalé par erreur de « Paris (Marmottan) » *in* Rev. d'Ent., 1884, p. 382 ; les exemplaires en question ont été pris à Strasbourg par M. le Dr Marmottan !.

S.-et-O. : Franconville (S^{te}.-Cl.-Deville !), un ex. — Aube : Villechétif
(Le Gd.); Montaigu, près Bouilly (Le Brun); Bar-sur-Seine (d'Antessanty !); Vulaines (id.!). — [Côte-d'Or] : Beaune (André).

Europe méridionale. Caucase.

4. **P. cylindrica** Linné. 1758, Syst. Nat., ed. X, I, p. 394 ; —
Muls., Longic., ed. 1, p. 207 ; ed. 2, p. 423 ; — Kaltenbach *(mœurs),*
Pflanzenf., p. 567. — *cinerea* Deg., 1775. — *verna* Müll., 1776. — *sil-
phoides* Schrank, 1781.

Prés humides. Paraît se développer au collet du *Chærophyllum temu-
lum* (Kaltenbach, l. c.) et sans doute dans quelques autres Ombellifères,
telles que l'*Heracleum sphondylium* (Rouget) et l'*Anthriscus silvestris*
(d'Antessanty). — Mai-juillet. — A.R.

Seine : Nogent-sur-Marne (H. Bris.). — S.-et-O. : Bondy (Lév.!);
Écouen (Boudier); St-Leu (É. Gounelle !); St-Germain (H. Bris.). —
S.-et-M. : parc de Fontainebleau !. — [Loiret] : env. de Gien (Pyot). —
Yonne : Coulanges-la-Vineuse (Dr Populus); St-Sauveur (Rob.-Desv.).
— Côte-d'Or : Rouvray (Emy)?; Darois, combe de Neuvon (Rouget!).
— Aube : Troyes. La Vacherie (d'Antess.); Villechétif (Le Brun!);
St-Parres-les-Tertres (Laverdet). — Marne : Rilly-la-Montagne (Ch. De-
maison!). — Oise : Monts, Ivry (Carp.). — Somme : Roye (Obert);
Marcelcave, Gentelles, St-Fuscien (Delaby); Amiens (Carp.); Wailly
(id.). — S.-Inf. : Rouen, St-Aignan (Mocq.!, Le Bouteiller!). — Calv. :
Falaise (Brébisson); forêt de Touques; Mouen; Surville (Fauvel).

Europe, régions froides ou montagneuses. Caucase ; Sibérie. Asie
Mineure.

C'est le « *lineola* » cité de la Seine-Inférieure (Cat. Mocquerys.
1er suppl., p. 19)! et le « *rufimana* » des environs de Falaise (Cat. Brébisson, p. 214).

5. **P. nigricornis** Fabr., 1787, Mant., 1, p. 149 ; — Muls., Longic.,
ed. 1, p. 208 ; ed. 2, p. 424. — *melanoceras* Gmel., 1789. — *suturalis*
Fabr., 1792. — *Julii** Muls., 1863. — *Caroni** Muls., 1876 ; — cf. Bed.,
in Ann. Soc. ent. Fr., 1876, p. CLXXXIX.

Bords des eaux. Vit sur le *Tanacetum vulgare*!. — Mai, juin. — A.R.

Iles et bords de la Seine en aval de Paris [de l'île Séguin jusqu'à
Poissy !]. — S.-et-O. : Meudon, étang des Fonceaux (Lemoro). —
S.-et-M. : Fontainebleau (Dr Guédel). — Yonne : Châtel-Censoir (Cot-

teau). — [Côte-d'Or] : env. de Dijon (Rouget). — Aube : Bar-sur-Seine
(Cartereau !). — Oise : Compiègne (Doüé, *in* Ann. Soc. ent. Fr., 1852,
p. xxxi). — Eure : Breteuil (Rég.).

Europe septentrionale et tempérée. Sibérie.

6. **P. molybdina** Dalman, 1817, *in* Schönh., Syn. Ins., App.,
p. 186 ; — Muls., Longic., ed. 1, p. 211 ; ed. 2, p. 435 ; — Frauenfeld.
(mœurs), in Verh. z. b. Ges. Wien, 1868, p. 161.

Terrains incultes, bords des chemins ; sur diverses Borraginées (*Lithospermum, Cerinthe, Cynoglossum*, etc.). Frauenfeld a observé sa
larve, en Autriche, au pied du *Cerinthe major ;* elle vivrait aussi, d'après
Mulsant, sur le *Lithospermum officinale.* — Printemps, été (1).

[Loiret] : env. de Gien (Pyot!).

Saxe (Dalman); France méridionale ; Russie méridionale ; Espagne.
Algérie !.

7. **P. caerulescens** Scop., 1763, Ent. Carn., p. 49, fig. 160. —
micans Fuessl., 1775. — *subcaerulea* * Fourc., 1785. — *virescens* Fabr.,
1787, Mant., 1, p. 150 ; — Muls., ed. 1, p. 209 ; ed. 2, p. 433 ; — Candèze *(larve), in* Mém. Soc. sc. Liége, VIII (1853), p. 587, tab. 8, f. 2 ; —
Perris *(id.),* Larves (1877), p. 508. — *flavescens* Muls., 1844 ; — *flavi-
cans* Muls., 1853 ; — cf. Bed., *in* Ann. Soc. ent. Fr., 1876, p. ccxxv. —
obscura Ch. Bris., 1863.

Endroits chauds et sablonneux. Vit sur l'*Echium vulgare* ! et quelques
autres Borraginées (*Cynoglossum*, etc.); la larve attaque le collet de la
tige. — Mai-juillet. — *CC.*

Tout le bassin de la Seine. — Europe tempérée et méridionale. Caucase : Bakou ; Sibérie. Nord de l'Afrique !.

C'est le « *Saperda nigripes* » du Cat. Brébisson.

47. Genre **Agapanthia** Serv., 1835, *in* Ann. Soc. ent. Fr., 1835,
p. 35. — (Voyez p. 48.)

1. **A. violacea** Fabr., 1775, Syst. Ent., p. 187 ; — Muls., Longic.,

---

(1) Le « *P. molybdaena* » cité de la Côte-d'Or (Cat. Rouget, p. 269) est le
P. caerulescens; il en est de même probablement de celui de l'Yonne (Cat.
Robineau-Desvoidy). Enfin, d'après M. Ch. Brisout, l'exemplaire signalé comme
pris par lui à Chantilly (*in* Ann. Soc. ent. Fr., 1859, p. cxxxii) serait sans doute
le *Stenostola ferrea.*

ed. 2, p. 366. — *cyanea* Herbst, 1784. — *janthina* Gmel., 1789. — *micans* Panz., 1796; — Muls., Longic., ed. 2, p. 364; *(larve)*, p. 365. — *caerulea* Schönh., 1817; — Muls., Longic., ed. 1, p. 177.

Endroits frais. Sur le *Centranthus ruber* (Valérianée), les *Scabiosa* (Dipsacée), etc.; la larve a été observée dans les tiges du *Centranthus* par Millière (Muls., Longic., ed. 2, p. 365) et dans celles d'une Légumineuse méridionale, *Psoralea bituminosa,* par R. de Tinseau (*in* L'Abeille, XVIII, Nouv., p. 124). — Juillet. — [R.]

Seine : Le Perreux (Hénon). — S.-et-O. : Marly (Marm.!); Chennevières-sur-Marne (Clair). — S.-et-M. : Brolles; Fontainebleau (Rég.). — Yonne : Joigny (Grenet); Coulanges-la-Vineuse (Dr Populus); Saint-Sauveur (Rob.-Desv.). — Côte-d'Or : Rouvray (Emy); Plombières, etc. (Rouget). — Aube : Vulaines: Villacerf (d'Antess.); Montaigu, près Bouilly (Le Gd.). — Somme : Amiens, Dury, Longueau (Delaby); Picquigny (id.). — Calv. : Falaise; Caen et coteaux d'Ardennes (Fauvel).

Europe tempérée et montagneuse. Caucase; Asie Mineure; Sibérie.

2. A. Dahli Richter, 1821, Suppl. Fn. Ins. Eur., p. 11, fig. — *Gyllenhali* Ganglb., 1883. — *cardui* ‡ Fabr. (*nec* Linné); — Muls., Longic., ed. 1, p. 175. — *lineaticollis* ‡ Muls. (*nec* Donov.), Longic., ed. 2, p. 358.

Sur les Carduacées. Suivant Perris (Larves de Coléoptères, p. 502), la larve a été observée en Corse sur *Cirsium italicum.* — Juin, juillet. — [R.]

Yonne : Coulanges-la-Vineuse (Dr Populus!). — Côte-d'Or : Châtillon (id.!); Dijon (Rouget). — [Loiret] : Gien, sur *Carduus nutans* (Pyot!).

Europe méridionale. Caucase; Asie Mineure; Syrie (Ganglb.); Sibérie (Cat. Heyden).

C'est l'« *A. cardui* » du Cat. Rouget et l'« *A. lineaticollis* » du Cat. Loriferne.

3. A. villoso-viridescens Degeer, 1775, Mém., V, p. 76. — *virescens* Gmel., 1789. — *lineaticollis* Donov., 1797. — *angusticollis* Gyll., 1817; — Muls., Longic., ed. 1, p. 176; ed. 2, p. 360; — Perris *(métam.),* Larves (1877), p. 503. — *pyrenaea* Ch. Bris., 1863. — ? *nigricornis* Fabr., 1792.

Surtout dans les endroits humides. Se développe dans les tiges de plantes très diverses : *Angelica silvestris* (L. Carpentier), *Heracleum sphondylium* (Rouget, *in* Ann. Soc. ent. Fr., 1870, p. XLVIII), *Eupatorium cannabinum, Aconitum* (Perris, l. c.), *Senecio aquaticus* (Goureau, *in* Ann. Soc. ent. Fr., 1868, p. CXIII), etc. (1) ; éclôt en mai. — *C.*

Tout le bassin de la Seine. — Europe. Caucase ; Sibérie (Cat. Heyden) ; Japon (Bates).

4. **A. cardui** Linné, 1767, Syst. Nat., ed. XII, I, p. 632 ; — Muls., Longic., ed. 2, p. 362. — *suturalis* Fabr., 1787 ; — Muls., Longic., ed. 1, p. 178 ; — Perris *(métam.), in* Mém. Soc. sc. Liége, 1855, p. 244, tab. 5, f. 37-46. — *annulata* Fabr., 1792. — *subacutalis* * Chevr., 1882.

Surtout sur les Carduacées !. — Perris (Larves de Coléoptères, p. 498) signale la larve dans les tiges du *Cirsium arvense* et du *Melilotus macrorhiza.* — Mai, juin. — [R.]

Aube : Fouchy ; Lusigny ; Bar-sur-Seine (d'Antessanty !); forêt d'Orient (Le Gd.!). — [Côte-d'Or] : Plombières, Darois, etc. (Rouget).

Allemagne occidentale ; France moyenne et méridionale ; Espagne. Asie Mineure ; Syrie. Barbarie ! ; Canaries (Wollaston).

C'est l'« *A. marginella* » du Cat. Le Grand (p. 86); par contre l'« *A. cardui* » de Robineau Desvoidy (Cat. Col. de S¹-Sauveur, Longic., p. 19) se rapporte au *villoso-viridescens.*

(1) Kaltenbach (Pflanzenf., p. 375) signale sous le nom d'« *A. cardui* Fb. » une larve qui vit dans les tiges des *Cirsium arvense, Senecio nemorensis, Galeopsis tetrahit* et *Chrysanthemum leucanthemum.* Il s'agit probablement de l'*A. villoso-viridescens.*

Addenda.

Spondylis buprestoides L. — [Nièvre] : Glux (d'Orb.!).

Prionus coriarius L. — S.-et-O. : Louveciennes (d'Orb.!).

Rhagium mordax Deg. — Marne : Germaine (Ch. Demaison).

Leptura cerambyciformis Schk. — Marne : Reims (Ch. Demaison). — Orne : St-Fraimbault-sur-Pisse (Fauvel). — Calv. : St-Julien-sur-Calonne, Falaise, Mouen, Gavrus, forêts de Cinglais et de Cerisy, Carville, etc. (Fauvel).

L. aethiops Poda. — Marne : Épernay ; Reims (Ch. Demaison).

L. aurulenta Fabr. — Marne : Rilly-la-Montagne (Ch. Demaison).

Necydalis major L. — Marne : Fismes (Ch. Demaison !).

Obrium brunneum Fabr. — S.-et-O. : Grignon (de Guerpel).

Callidium lividum Rossi. — Paris, bûches de Chêne (A. Dubois).

Purpuricenus Kœhleri L. — S.-et-O. : Bellevue (A. Dubois).

Dorcadion fuliginator L. — Marne : Reims (Ch. Demaison).

Exocentrus punctipennis Muls. et Guilleb. — Aussi à Lenkoran (Ch. Martin !).

<h2 style="text-align:center">2e Famille. CHRYSOMELIDAE.</h2>

Chapuis, Genera des Coléoptères, X et XI. — Lacordaire, Monogr. des Phytophages, I et II. — Weise, Naturg. der Ins. Deutschlands, VI (1881-91). — Gemminger et Harold, Catalogus Coleopterorum, XI et XII (p. 3233-3676).

Métam. : Chapuis, *in* Mém. Soc. Sc. Liége, VIII (1853), p. 590-620 ; — *(bibliographie)* Rupertsberger, Biologie der Käfer Eur., p. 246.

Antennes presque toujours flexibles et rabattues en dessous dans la contraction, souvent plus courtes que le corps, filiformes, moniliformes ou graduellement un peu épaissies vers le sommet, très rarement en massue (gen. *Mniophila*), quelquefois en scie (*Melolonthini*) ou même épineuses (subg. *Hispella*). Mandibules presque toujours très courtes. Prothorax à côtés rebordés ou tranchants (sauf chez les *Donaciini, Criocerini* et *Orsodacnini* et quelques *Eumolpini* et *Chrysomelini*). Élytres fréquemment striés-ponctués, plus souvent glabres que pubescents, rarement sans épipleures.

Larves de forme et de couleur variables, toujours pourvues de six pattes ambulatoires (1) et vivant soit du parenchyme des feuilles, soit, par exception, à la racine (*Eumolpini*) ou dans les tiges (gen. *Psylliodes*) de plantes très diverses (2). Celles des *Donaciini* sont aquatiques ; celles des *Melolonthini* et *Cryptocephalini* vivent attachées à un fourreau portatif, en forme de sac, qui, plus tard, sert de coque à la nymphe.

Tribus.

1. Tête soit avec 2 sillons frontaux connivents, soit avec 2 plaques ou calus surantennaires contigus sur la ligne médiane ; antennes très rapprochées à leur insertion. . . . . **2.**

— Tête sans sillons connivents ; plaques ou calus surantennaires indistincts ou écartés ; antennes distantes à leur insertion. **6.**

(1) Cf. p. 117, note.

(2) Rosenhauer, ayant observé les larves de certains *Clytra* = *Melolontha* dans des fourmilières, a supposé qu'elles se nourrissaient de proies vivantes. Il est bien probable, au contraire, qu'elles se contentent des débris végétaux amassés par les Fourmis.

2. Antennes insérées à la partie antérieure ou moyenne de la
tête ; celle-ci non anguleuse, vue de profil.............   3.

— Antennes insérées vers le point culminant de la tête ; celle-ci
à profil anguleux..........................   11.

3. Prothorax non marginé latéralement. Tempes ou joues limitées par un sillon contournant les yeux en arrière. Hanches
antérieures saillantes et contiguës ou rapprochées. Élytres
striés- ou sériés-ponctués. Ongles simples............   4.

— Prothorax marginé latéralement. Tempes ou joues nulles...   5.

4. Yeux presque hémisphériques, sans échancrure au côté interne. Saillie intercoxale du 1er segment ventral large.
Ongles grands et divergents. Dessous du corps feutré.............................. **I. Donaciini.**

— Yeux échancrés à leur bord interne. Saillie intercoxale du
1er segment ventral aiguë. Ongles petits, soit libres, soit
connés. Dessous du corps sans duvet hydrofuge. **II. Criocerini.**

5. Hanches antérieures conoïdes et contiguës. Pattes postérieures
ambulatoires, à fémurs non renflés........ **IX. Galerucini.**

— Hanches antérieures non proéminentes, séparées par une saillie
du prosternum. Pattes postérieures plus ou moins salta-
toires, à fémurs presque toujours renflés...... **X. Halticini.**

6. Hanches antérieures saillantes et conoïdes, contiguës ou à
peine séparées ; hanches intermédiaires rapprochées.....   7.

— Hanches antérieures non proéminentes, arrondies ou transversales, bien séparées par une saillie du prosternum ;
hanches intermédiaires écartées (1)...................   8.

7. Prothorax non marginé latéralement. Antennes non comprimées ni serriformes. Ongles appendiculés. **III. Orsodacnini.**

— Prothorax marginé latéralement. Antennes comprimées, en
scie à partir du 4e ou 5e article. Ongles simples..........
.... **IV. Melolonthini (2).**

____

(1) Parmi les espèces européennes de cette division, les *Bromius* et quelques
Pachnephorus et *Timarcha* ont seuls le prothorax non marginé sur les côtés.

(2) Les *Melolonthini* et *Cryptocephalini* ont entre eux de nombreuses affinités ;
leurs larves sont très semblables et vivent également dans un tube en forme de
sac ; l'abdomen, chez les adultes, est construit à peu près de la même manière,
les derniers segments ventraux refoulant les segments 2-4, qui paraissent con-

8. Épipleures sans fossettes. 1er segment ventral sans plaques fémorales. Pro- et métasternum largement séparés par le mésosternum sur la ligne médiane du corps........... 9.

— Épipleures creusés de 2 grandes fossettes pour la réception des genoux. 1er segment ventral avec une plaque fémorale derrière la hanche postérieure. Pro- et métasternum presque contigus sur la ligne médiane du corps. Dernier segment ventral pourvu, de chaque côté, en dessus, d'une série de stries très serrées......... VI. **Lamprosomatini.**

9. Segments ventraux 2-4 contractés vers le milieu. Cavités cotyloïdes des hanches antérieures transversales. Pygidium découvert. — ♀. Dernier segment ventral avec une fossette très profonde................. V. **Cryptocephalini.**

— Segments ventraux 2-4 à base et sommet parallèles........ 10.

10. 3e article des tarses divisé, *en dessous,* en deux lobes détachés presque dès la base. Cavités cotyloïdes des hanches antérieures ordinairement circulaires (1). Ongles souvent appendiculés ou bifides.................. VII. **Eumolpini.**

— 3e article des tarses non divisé *en dessous,* plus ou moins cordiforme. Cavités cotyloïdes des hanches antérieures transversales. Ongles simples dans la plupart des genres. .... VIII. **Chrysomelini.**

11. Prothorax sans expansion latérale. — (Dessus du corps armé de piquants.)..................... XI. **Hispini** (2).

— Prothorax à expansion latérale large et entière. — (Onychium enserré jusqu'au sommet entre les lobes du 3e article des tarses.)..................... XII. **Cassidini.**

tractés sur la ligne médiane. Cependant, chez certaines femelles de *Melolonthini* (*M. quadripunctata* L., par exemple), les segments intermédiaires sont régulièrement disposés.

(1) Le genre *Eupales* Lefèvre (*Pales* ‖ Redt.), de l'Europe orientale, a les cavités cotyloïdes des hanches antérieures transversales; il se fait remarquer également par son pronotum dentelé sur les côtés.

(2) Cette tribu semble très distincte de la suivante quand on n'examine que les genres européens, mais quelques genres exotiques établissent la transition entre elles.

I. Tribu **Donaciini.**

Lacordaire, Monogr. des Phytophages, I (1845). — Weise, Naturg.
der Ins. Deutschl., VI (1).

GENRES FRANÇAIS.

Tarses à articles étroits, pourvus de quelques longues soies,
presque nus en dessous; 3ᵉ art. nodiforme; onychium bien
plus long que le reste du tarse. Élytres prolongés à leur angle
apical externe en une pointe aiguë. Tibias sans arête dorsale.. 1. **Macroplea.**

Tarses à art. 1-3 aplatis et feutrés en dessous; 3ᵉ profondément
bilobé et embrassant en partie l'onychium; celui-ci moins
long que le reste du tarse.......................... 2. **Donacia.**

1. Gen. **Macroplea** Curtis, 1830.

Syn. *Crioceris* (subg. *Haemonia* Latr., 1829). — *Haemonia* Kirby, 1837;
Lacordaire, 1845.

Biologie (cf. Rupertsberger, Biol. Käf. Eur., p. 247); — *add.* : Belle-
voye, *in* Bull. Soc. Hist. Moselle, XII, p. 91-104, tab.; — Leprieur, *in*
Bull. Soc. Hist. nat. de Colmar, X (1870), p. 339-368, fig. 1-16.

Les *Macroplea* ne sont, pour ainsi dire, qu'un petit groupe de *Donacia*
plus complètement adaptés au milieu aquatique; à l'état de larves,
comme à l'état parfait, ils se tiennent immergés dans les bas-fonds va-
seux des eaux tranquilles. L'unique espèce française, *M. appendiculata*
Panz., se trouve dans les eaux douces et surtout les bras morts des
rivières, sur les tiges des *Potamogeton* et des *Myriophyllum*, tandis que
M. mutica Fabr. (*zosterae* Fabr.) vit dans les eaux saumâtres, sur des
Zostéracées (1).

M. appendiculata Panzer, 1794. — Noirâtre, mais enduit, en dessous et sur la tête et les antennes, d'un feutrage cendré. Prothorax
mat, jaune, ordinairement avec 2 lignes noires obliques. Élytres presque
entièrement glabres, assez luisants, jaunes, à stries noires, rapprochées
deux à deux. Pattes rousses ; extrémité des articulations souvent enfu-

(1) Le genre *Macroplea* a des représentants presque dans tout l'hémisphère
nord ; il s'étend d'un côté jusqu'en Algérie (Philippeville, Bone), de l'autre
jusqu'au Mexique (*M. Flohri* Jacoby).

mée. Tibias postérieurs presque droits ♂, tordus et bisinués en dedans ♀ ; 1ᵉʳ segment ventral avec une impression ♂, uni ♀. — Long. 5 1/2—7 1/2 mill.

2. Gen. **Donacia** Fabricius, 1775.

Syn. *(ad partem) Plateumaris* Thomson, 1859.

Species : Lacordaire, Phytoph., I, p. 92 ; — Thomson, Skand. Col., VII, p. 107 ; — Weise, Naturg. Ins. Deut., VI, p. 14. — *Biologie :* (cf. Rupertsberger, Biol. Käf. Eur., p. 246) ; — *add. :* E. Schmidt, *in* Berlin. ent. Zeit., 1887, p. 325, tab. V B., fig. 1-11 ; — Xambeu, *in* Rev. d'Ent., IX (1890), p. 283.

Le genre *Donacia* établit la transition bien évidente entre les Cérambycides et les autres Chrysomélides. Il compte un certain nombre d'espèces, surtout dans la région paléarctique et l'Amérique boréale ; la plupart sont de teintes métalliques et quelques-unes passent par les nuances les plus diverses et les plus brillantes. On les trouve, ordinairement par les journées chaudes de la belle saison, posées sur les feuilles ou le long des tiges des plantes aquatiques. Leurs larves, constamment immergées, se transforment dans une coque, à la partie inférieure de végétaux assez divers : Alismacées, Typhacées, *Potamogeton, Nymphea* (et Cypéracées ?).

Les deux sexes des *Donacia* se distinguent à la forme du dernier segment ventral, plus ou moins tronqué chez les mâles, arrondi ou subtriangulaire chez les femelles. En outre, certains mâles se reconnaissent à leurs pattes postérieures, dont les fémurs sont plus développés (souvent bidentés) et les tibias, râpeux ou denticulés au bord interne (*D. micans* Hoppe, *D. dentata* Hoppe, *D. versicolorea* Brahm., etc.) ; dans le sous-genre *Plateumaris*, les mâles ont une large impression sur le 1ᵉʳ segment ventral et leurs fémurs postérieurs sont fortement dentés, tandis que ceux des femelles sont presque mutiques. Le mâle de *D. dentata* Hoppe présente ordinairement 2 petits tubercules rapprochés, sur le 1ᵉʳ segment ventral. Enfin, chez *D. consimilis* Schrk. et quelques autres du même groupe, la tendance au dichroïsme sexuel est souvent très accusée.

ESPÈCES FRANÇAISES.

[Long. 4 1/2—12 mill.]

1. Tibias carénés seulement sur leur tranche externe (*Donacia s. str.*)..................................... **2.**

— Tibias tricarénés longitudinalement et terminés en dehors par une saillie dentiforme (*Plateumaris* Thoms.). — Marge suturale interne des élytres élargie postérieurement en lame horizontale. Dessus du prothorax à duvet très léger. Élytres à sommet arrondi. Pattes rousses ou noires ; fémurs postérieurs courts, renflés, fortement dentés ♂, faiblement dentés ou sans dent ♀ .... 23.

2. Dos du prothorax et élytres glabres...................... 3.

— Dos du prothorax et élytres couverts de duvet cendré ou jaunâtre. — Fémurs postérieurs sans dent. 7—10 mill...... 21.

3. Marge suturale interne des élytres très étroite et rectiligne sur toute leur longueur........................... 4.

— Marge suturale interne des élytres élargie postérieurement en lame horizontale. — Prosternum glabre et strigueux au côté externe des hanches antérieures. Élytres arrondis au sommet, luisants, métalliques, de teinte extrêmement variable. Pattes métalliques ; fémurs postérieurs unidentés. 6 1/2—9 1/2 mill........................... 22.

4. Prosternum avec une tache ou bande de duvet pâle sur la région épisternale, au côté externe des hanches antérieures.. 5.

— Prosternum absolument glabre au côté externe des hanches antérieures. — 3ᵉ art. des antennes aussi long que le 1ᵉʳ. Prothorax évasé antérieurement, bituberculé avant le sommet. Élytres atténués en arrière, séparément arrondis au sommet, à surface réticulée, très brillante, ordinairement dorée, parfois violet foncé. Fémurs postérieurs unidentés. 7 1/2—10 mill............ **7. appendiculata** Ahr.

5. Pattes partiellement ou entièrement rousses............. 6.

— Pattes totalement métalliques.......................... 13.

6. Pattes en partie bronzées ou rembrunies................ 7.

— Pattes totalement rousses. Antennes entièrement rousses par transparence. Élytres brillants, d'un vert doré. Fémurs postérieurs sans dent. 7—11 mill............ **6. clavipes** F.

7. 3ᵉ art. des antennes aussi long que le 1ᵉʳ. Fémurs postérieurs à massue rousse en dessous (bidentée ♂, ♀ ou unidentée ♀). — ♂. Tibias postérieurs crénelés au bord interne....... 8.

— 3e art. des antennes moins long que le 1er............... 9.

8. Prothorax plus large que long, sans ponctuation en dessus. Interstries des élytres presque tous aussi larges que les stries. Sillons latéraux du front presque aussi écartés des yeux que du sillon médian. — ♂. Fémurs postérieurs avec 2 dents, à la suite l'une de l'autre. — 9—11 mill... .... 1. **micans** Hoppe.

— Prothorax non transversal, ponctué et strigueux en dessus. Interstries des élytres plus étroits que les stries. Sillons latéraux du front rapprochés des yeux. — ♂. Fémurs postérieurs avec 2 dents, l'une interne, l'autre externe ; 1er segment ventral avec 2 petits tubercules plus ou moins distincts. — 7—9 1/2 mill............. 2. **dentata** Hoppe.

9. Sommet des élytres tronqué. 6—9 mill.................. 10.

— Sommet des élytres arrondi. — 2e et 3e art. des antennes égaux. Dos du prothorax à ponctuation très serrée, très nette. Élytres cuivrés sur les 5 ou 6 premiers interstries, verdâtres ou dorés sur les autres. Fémurs postérieurs brièvement angulés ou mutiques. 4 1/2—7 mill......... ....18. **semicuprea** Panz.

10. Fémurs postérieurs atteignant ou dépassant l'extrémité des élytres et munis de 2 dents (l'une interne, l'autre externe) chez le ♂ ou presque mutiques chez la ♀. Élytres luisants..................... 3. **versicolorea** Brahm.

— Fémurs postérieurs n'atteignant pas l'extrémité des élytres et sans trace de dents ♂, ♀................. 11.

11. Dos du prothorax à ponctuation peu profonde, assez fine et peu serrée. Élytres luisants. — Formes principales :

{ *a*. Prothorax et élytres d'un roux fauve.... 5. **fennica** Payk.

{ *b*. Prothorax métallique ; élytres d'un noir violacé, bordés de vert métallique.................. var. *Malinovskyi* Ahr.

— Dos du prothorax à ponctuation très serrée, presque chagrinée. Élytres assez ternes, à téguments ridés.......... 12.

12. Troncature apicale des élytres subarrondie ou émoussée aux deux angles et non échancrée. Épistome très plat, luisant, peu pubescent. Élytres de nuance variable, sans bande discolore sur les interstries 2-4......... 16. **linearis** Hoppe.

— Troncature apicale des élytres légèrement échancrée, à angles vifs. Épistome subconvexe, terne, couvert de pubescence blanche. Élytres très souvent ornés, sur les interstries 2-4, d'une bande pourprée ou d'un bleu d'acier, interrompue vers le 1er tiers.................... **17. vulgaris** Zschach.

13. 3e art. des antennes subégal au 1er et presque deux fois aussi long que le 2e. Fémurs postérieurs atteignant l'extrémité des élytres. 6—9 1/2 mill............................. 14.

— 3e art. des antennes bien moins long que le 1er. Fémurs postérieurs n'atteignant pas le sommet des élytres.......... 15.

14. Dos du prothorax non ponctué, mais strigueux. Élytres luisants, unicolores, souvent violacés; intervalle de la suture à la 1re strie très étroit, sans hachures transversales. Fémurs postérieurs avec une dent aiguë accompagnée d'un ou de deux denticules................. 4. **sparganii** Ahr.

— Dos du prothorax ponctué et strigueux. Élytres dépolis, verdâtres, à bande rouge ou pourprée sur les interstries 2-7; intervalle de la suture à la 1re strie assez large, couvert de hachures transversales. Fémurs postérieurs unidentés.......................... 8. **vittata** Ol.

15. Sommet des élytres tronqué à angles vifs. 8—11 mill...... 16.

— Sommet des élytres obtus ou subtronqué, toujours arrondi au côté externe. Surface mordorée ou bronzée, unicolore. 17.

16. Élytres bosselés seulement le long de la suture, assez luisants, ordinairement mordorés ou cuivreux, avec ou sans bande bleuâtre ou pourprée à la base et sur les côtés. Dessous du corps à pubescence argentée ou cendrée, simple, laissant voir la ponctuation foncière sur le métasternum. Pygidium à échancrure apicale large et très nette ♂, ♀. Fémurs postérieurs à dent assez forte et aiguë ♂, courte et obtuse ♀..................... 10. **marginata** Hoppe.

— Élytres bosselés le long de la suture et vers les côtés, assez ternes, unicolores et verdâtres. Dessous du corps à pubescence jaune, double, masquant la ponctuation foncière sur le métasternum. Pygidium à échancrure apicale étroite (très légère chez la ♀). Fémurs postérieurs à dent assez forte et aigue ♂, ♀.................. 9. **bicolora** Zschach.

17. Dos du prothorax chagriné ou très densément ponctué, sans
    rides.. 18.

— Dos du prothorax strigueux. Élytres bosselés le long de la
    suture, luisants, mordorés. Fémurs postérieurs à dent
    assez grande, aiguë. 7—9 mill.......... **12. antiqua** Kunze.

18. 2ᵉ art. des antennes égal au 3ᵉ ou à peine plus court. Fé-
    murs postérieurs à dent courte, rudimentaire ou nulle.
    6 1/2—9 1/2 mill.................................. 19.

— 2ᵉ art. des antennes presque de moitié moins long que le 3ᵉ.
    Fémurs postérieurs à dent grande et très aiguë. Angles
    antérieurs du prothorax faisant saillie en dehors. Base des
    élytres très ponctuée. Surface terne, d'un bronzé obscur.
    8 1/2—10 mill...................... **11. obscura** Gyll.

19. Flancs du prothorax strigueux et luisants le long de la tache
    duveteuse des épisternes. Élytres mordorés, un peu lui-
    sants. Fémurs postérieurs à dent rudimentaire..........
    .... **13. impressa** Payk.

— Flancs du prothorax non strigueux. Élytres d'aspect soyeux.   20.

20. Fémurs postérieurs à dent spiniforme, parfois toute petite.
    Sommet du pygidium subéchancré ♂, entier ♀..........
    .... **14. thalassina** Germ.

— Fémurs postérieurs mutiques ou à saillie très rudimentaire.
    Sommet du pygidium entaillé ♂, échancré ♀..........
    .... **15. brevicornis** Ahr.

21. 3ᵉ art. des antennes d'un tiers plus long que le 2ᵉ. Angles
    antérieurs du prothorax terminés par un très petit tuber-
    cule suivi d'un mamelon latéral. Élytres à sommet ar-
    rondi. Pattes en majeure partie bronzées.. **19. cinerea** Herbst.

— 3ᵉ art. des antennes deux fois aussi long que le 2ᵉ. Protho-
    rax avec un calus lisse aux angles antérieurs, sans mame-
    lon sur les côtés. Élytres à sommet subtronqué ou subsinué.
    Pattes en majeure partie roussâtres..... **20. tomentosa** Ahr.

22. Antennes dépassant la moitié des élytres, à 3ᵉ art. subégal
    au 4ᵉ et non piriforme. Dos du prothorax alutacé, mat, non
    striguleux...................... **21. violacea** Hoppe.

— Antennes n'atteignant pas la moitié des élytres, à 3ᵉ art. d'un
    tiers moins long que le 4ᵉ et subpiriforme (subégal au 2ᵉ
    chez la ♀). Dos du prothorax striguleux.. **22. discolor** Panz.

23. Angles antérieurs du prothorax à sommet saillant, formé d'un
bourrelet très étroit..................................... 24.

— Angles antérieurs du prothorax écointés, formés d'une grosse
callosité luisante. Dessus du corps d'un noir subviolacé ♂,
bronzé ♀..................................... 25.

24. Flancs du prothorax garnis, comme le dessus, d'un très léger
duvet blanchâtre. Élytres relativement allongés, presque
toujours d'un noir à peine violacé. Prothorax subcordiforme, bleuâtre ou cuivré. Pattes rousses ou noires. 8—11
mill.............................. 23. **braccata** Scop.

— Flancs du prothorax glabres. Élytres relativement larges
et courts, de teinte variable, plus rarement métalliques
et à stries moins accusées chez le ♂ que chez la ♀.
6—8 mill..................... 24. **consimilis** Schrk.

25. Antennes assez courtes, entièrement rousses. Prothorax rétréci en arrière. — ♂. Dent des fémurs recourbée en
forme d'épine.................... 25. **abdominalis** Ol.

— Antennes longues, noires ou noirâtres, à base rousse. Prothorax en carré long. — ♂. Dent des fémurs postérieurs
large et subtriangulaire............... 26. **rustica** Kunze.

II. Tribu **Criocerini**.

Lacordaire, Monogr. des Phytophages, I (1845). — Weise, Naturg. Ins.
Deutschl., VI (I).

Les *Crioceris* et *Ulema*, seuls genres européens de cette tribu, pro-
duisent, par le frottement du pygidium contre les élytres, une stridu-
lation souvent assez forte (1).

Leurs larves rongent, en plein jour, les feuilles de végétaux divers et,
comme moyen de protection, se recouvrent de leurs propres excréments.

Genres français.

Ongles libres. Élytres maculés ou entièrement rouges. 3. **Crioceris.**

Ongles connés. Élytres unicolores, d'un bleu ou vert métallique
foncé. Écusson tronqué en arrière................. 4. **Ulema.**

(1) Le cri des Insectes de ce groupe a été étudié par Westring (*in* Kroy.
Naturh. Tidsskr., 1846, II. p. 334) et par Löw (*in* Verh. z. b. Ges. Wien, 1866,
p. 955).

3. Gen. **Crioceris** Müller, 1764.

Syn. *Auchenia* Thunb., 1789. — *Lema* Fabr., 1798.

Species : Lacordaire, Phytoph., I, p. 546. — Weise, Naturg., VI, p. 67. — *Mœurs et métam.* (cf. Rupertsberger, Biol. Käf. Eur., p. 248).

Le genre *Crioceris* est répandu dans tout l'Ancien Monde, au Mexique et en Océanie ; ses espèces sont nombreuses et de couleurs vives ; celles d'Europe attaquent exclusivement les Liliacées et trois d'entre elles ne sont que trop communes, l'une, *C. lilii* Scop., sur les Lys des jardins, les deux autres, *C. duodecimpunctata* L. et *C. asparagi* L., sur les Asperges montées.

ESPÈCES FRANÇAISES.

1. Prothorax étranglé vers le milieu des côtés. Élytres rouges et immaculés. 6—8 mill.................................... 2.

— Prothorax sans étranglement latéral. Élytres avec des bandes ou des taches de couleur.................................... 4.

2. Pattes et tête entièrement noires.................. 1. lilii Scop

— Pattes et tête partiellement rouges......................... 3.

3. Points des séries élytrales médiocres et moins larges que les interlignes correspondants. Fémurs rouges, à base et sommet ordinairement noirs................... 2. merdigera L.

— Points des séries élytrales grossiers, la plupart plus larges que les interlignes correspondants. Fémurs noirs. * tibialis Villa.

4. Tête non métallique. Yeux très profondément entaillés au côté interne. Arrière-corps trapu et convexe................ 5.

— Tête bronzée ou bleu d'acier. Yeux brièvement entaillés au côté interne. Arrière-corps assez allongé et subdéprimé. Prothorax rouge, plus ou moins taché de noir bronzé sur le disque. Élytres métalliques, bordés de roux, à taches ou bandes dorsales d'un blanc jaunâtre. 5—6 1/2 mill........ .... 4. asparagi L. (1).

5. Tête rouge en entier ou en majeure partie. Élytres d'un rouge

(1) Une espèce méditerranéenne très voisine, *C. campestris* L., diffère de *C. asparagi* L. par son prothorax métallique, étroitement bordé de roux, ses fémurs à base rousse, etc. Les taches dorsales des élytres sont souvent réunies en forme de bande longitudinale (var. *macilenta* Weise).

orangé, avec 4-6 taches noires ponctiformes, sans bordure
noire à la suture. 5—6 1/2 mill.

    a. Abdomen et majeure partie des pattes rouges.........
    .... **3. duodecimpunctata** L.
    b. Abdomen et majeure partie des pattes noirs.........
    .... var. *dodecastigma* Suffr.

— Tête noire, au moins en majeure partie. Élytres à bande suturale noire... 6.

6. Élytres rouges, avec une bande suturale dilatée en avant, une
grosse tache subapicale isolée et une tache humérale noires.
Prothorax rouge, sans tache. 5—6 mill................
.... * **quinquepunctata** Scop. (1).

— Élytres d'un jaune pâle, avec une bande suturale régulière,
un liséré apical et une fascie subapicale reliés à la bande
suturale, une tache humérale et souvent 1 ou 2 points margi-
naux noirs. Prothorax avec 2 traits noirs souvent confluents.
4—4 1/2 mill...................... * **paracenthesis** L.

4. Gen. **Ulema** Des Gozis, 1886.

Syn. [*Oulema* Des Gozis, 1886]. — *Lema* ‡ Lacordaire (*nec* Fabr.).

Mœurs et métam. : Cornelius, *in* Stettin. ent. Zeit., 1850, p. 19 ; 1859,
p. 44 ; — (cf. Rupertsberger, Biol. Käf. Eur., p. 247) ; — *add.* : Curtis,
Farm. Ins., p. 307, fig. 43 (1860).

Insectes très voisins des *Crioceris*, mais infiniment plus nombreux
(environ 400 espèces) ; ils stridulent aussi, mais très faiblement.

Les larves des *U. cyanella* L. (*lichenis* Weise), *U. Hoffmannseggi* Lac.
et *U. melanopus* L. vivent sur les feuilles de diverses Graminées (*Triti-
cum. Avena*, etc.) ; celles de *U. puncticollis* Curt., sur des Carduacées
(*Cirsium*).

ESPÈCES FRANÇAISES.

[Long. 3 1/2—5 mill.]

1. Pattes noires ou bleues........ .... 2.

— Pattes rousses ; tarses noirs ou rembrunis............... 5.

2. Prothorax bleu d'acier, verdâtre ou noir ; élytres de même... 3.

(1) Indiqué du département des Alpes-Maritimes (Peragallo, Cat., p. 193).

— Prothorax rouge, bisérialement ponctué sur la région médiane,
  lisse sur la dépression basilaire...... * **Hoffmannseggi** Lac.

3. Yeux très profondément entaillés en coin à leur bord interne.
  Prothorax aplati en dessus, couvert de gros points, élargi et
  transversalement bistrié en arrière. 5 mill. 1. **puncticollis** Curt.

— Yeux seulement échancrés à leur bord interne. Prothorax
  bombé, ponctué en séries sur la région médiane, déprimé
  transversalement à la base. 3 1/2—4 mill.............. 4.

4. Dos du prothorax bisérialement ponctué sur la région médiane, lisse ou presque lisse le long de la base. Élytres
  trapus, à stries 2-3 et 4-5 plus ou moins rapprochées par
  paires..................................... 2. **cyanella** L.

— Dos du prothorax trisérialement ponctué sur la région médiane, densément pointillé le long de la base. Élytres allongés (ordinairement d'un beau bleu), à stries internes équidistantes......................1....... 3. **Erichsoni** Suffr.

5. Prothorax bleu d'acier, finement et très densément ponctué
  sur les côtés. Pièces latérales de la poitrine garnies de duvet
  blanchâtre. Élytres trapus................ 5. **flavipes** Suffr.

— Prothorax rouge, à peu près lisse sur les côtés. Pièces latérales de la poitrine presque dépourvues de duvet. Élytres
  allongés.................................... 4. **melanopus** L.

III. Tribu **Orsodacnini**.

Les genres *Syneta* Lac., *Orsodacne* Latr. et *Zeugophora* Kunze com-
posent seuls cette tribu. On ne sait rien de précis sur leurs premiers
états (1).

GENRES FRANÇAIS.

Hanches antérieures étroitement séparées par le prosternum.
  Côtés du prothorax non ou peu sensiblement anguleux. Yeux
  entiers...................................... 5. **Orsodacne**.

Hanches antérieures contiguës. Côtés du prothorax avec une
  saillie dentiforme ou spiniforme. Yeux légèrement entaillés
  au côté interne............................... 6. **Zeugophora**.

(1) Kaltenbach (Pflanzenfeinde, p. 541) attribue au genre *Zeugophora* des
larves mineuses et *apodes*. Cette assertion paraît bien étrange et permet de
soupçonner quelque méprise de sa part.

5. Gen. **Orsodacne** Latreille, 1802.

Insectes allongés et de taille médiocre, qui se trouvent au printemps sur les fleurs de quelques Rosacées arborescentes (*Crataegus, Mespilus, Cerasus,* etc.). Outre les deux espèces d'Europe, on en connaît une de l'Amérique du Nord.

Le dernier article des palpes maxillaires est plus court et un peu plus élargi chez les mâles que chez les femelles.

ESPÈCES FRANÇAISES.

Tête, prothorax et élytres glabres. Dessus du corps ordinairement testacé ou roussâtre, parfois enfumé sur les côtés, ou entièrement brun de poix (rarement pronotum roux et élytres noirs). 4—8 mill.............................. 1. **cerasi** L.

Tête, prothorax et élytres à pubescence blanchâtre. Coloration extrêmement variable, souvent bleu foncé ($\mathcal{J}$), fauve clair ($\mathcal{Q}$). 4—7 mill................................... 2. **lineola** Panz.

6. Gen. **Zeugophora** Kunze, 1818.

Notes : Reitter, *in* Deut. ent. Zeitsch., 1889, p. 44.

Les *Zeugophora* sont de petits Insectes noirs et jaunes, fortement ponctués, propres à l'hémisphère boréal; ils vivent exclusivement sur diverses espèces de *Populus.*

Les deux sexes se distinguent par la forme du dernier segment ventral, subaigu au sommet chez les mâles, tronqué et légèrement bisinué chez les femelles.

ESPÈCES FRANÇAISES.

1. Angles latéraux du prothorax en dent assez large.......... 2.

-- Angles latéraux du prothorax en épine aiguë. Tête noire, sauf en avant. 2 3/4—3 1/2 mill............... 3. **flavicollis** Marsh.

2. Prothorax à points très gros et espacés. Écusson assez large. Tête, écusson et épaules rarement noirs (var. *frontalis* Suffr.), ordinairement orangés. 3—4 mill....... 1. **scutellaris** Suffr.

— Prothorax à points assez gros et serrés. Écusson petit, très étroit. Tête constamment orangée. 2 3/4—3 1/2 mill...... .... 2. **subspinosa** F.

IV. Tribu **Melolonthini (Clytrini).**

7. Gen. **Melolontha** Müller, 1764.

Syn. *Clytra* Laicharting, 1781. — (*ad partem*) *Chilotoma, Coptocephala, Cyaniris, Labidostomis, Lachnaea* Redt., 1845. — *Gynandrophthalma, Macrolenes, Tituboea* Fairm., 1868 (1).

Species : Lacordaire, Phytoph., II, p. 17. — *Revision* : Kraatz, *in* Berlin. ent. Zeit., 1872, p. 193. — Lefèvre, *in* Ann. Soc. ent. Fr., 1872, p. 49 et 313. — *Mœurs et métam.* (cf. Rupertsberger, Biol. Käf. Eur., p. 248).

Insectes diurnes et de couleurs vives, nombreux surtout dans les régions chaudes de l'Ancien Monde. Ils se tiennent tantôt sur les buissons (*Quercus, Betula, Salix, Crataegus,* etc.), tantôt sur les plantes basses.

Le genre se fait remarquer par la diversité des caractères secondaires des mâles, consistant surtout dans le développement des organes céphaliques et des pattes antérieures ; ces modifications, souvent très apparentes, varient d'une espèce à l'autre ou même entre individus d'une seule espèce (2) et ne peuvent constituer que de simples sections ou groupes subgénériques.

Les femelles se reconnaissent à la présence d'une fossette sur le 5e segment ventral :

ESPÈCES FRANÇAISES (3).

1. Angles postérieurs du pronotum saillants et plus ou moins relevés... 2.

— Angles postérieurs du pronotum arrondis, non proéminents. 9.

2. Pronotum et dessous du corps métalliques. Pattes métal-

(1) Les noms de *Lachnaea* et de *Labidostomis* ont été publiés par Stephens (Man. Brit. Col., p. 306-307) en 1839, et ceux de *Gynandrophthalma, Macrolenes* et *Tituboea* par Lacordaire (Phytoph., II) en 1848, mais seulement comme « *divisions* » du genre *Clytra*.

(2) Chez les mâles de *Coptocephala* var. *Scopolina*, par exemple, la grosseur de la tête varie du simple au double.

(3) Sont étrangers à notre faune : *M. novempunctata* Ol., *M. macropus* Ill., *M. puncticollis* Chevr. et *M. hirta* Fabr., cités de France par Weise, et *M. chalybea* Germ., porté au Catalogue du département des Landes, par Gobert.

liques ou bleu violet. Élytres jaune pâle ou testacés (subg. *Labidostomis* Steph.)............................. 3 (1).

— Pronotum roux. Dessous du corps noir. Pattes rousses ou en partie noires. Élytres testacés, souvent avec des taches ou fascies noires. Palpes roux (subg. *Macrolenes* Lac.). — ♂. Arrière-corps allongé, cylindrique ; pattes antérieures très étirées, à fémurs unidentés en dessous............ .... * **bimaculata** Rossi (2).

3. Marge latérale du pronotum crénelée ou festonnée. Articles des antennes entièrement noir violet, *en dessous*, même les premiers. Épaules sans point noir. 7—12 mill. * **taxicornis** F.

— Marge latérale du pronotum simple. 2ᵉ et 3ᵉ articles des antennes au moins en partie roussâtres *en dessous*......... 4.

4. Labre noir de poix. Art. 1-4 des antennes métalliques *en dessus*... 5.

— Labre jaune. Art. 1-3 ou 1-4 des antennes jaunes ou roux ; 1ᵉʳ simplement taché de bleu en dessus. Palpes en partie testacés. Tête et pronotum à pubescence blanche. Épaules sans point noir................................. 9.

5. Antennes en scie à partir du 5ᵉ art. seulement. — Pronotum glabre .... 6.

— Antennes en scie dès leur 4ᵉ art. — Épaules avec un point noir. 5 1/2—7 mill............... * **lusitanica** Germ. (3).

6. Épistome et côtés du front garnis de poils blancs. Pronotum terne ou peu brillant, à ponctuation serrée. 7—9 mill.... 7.

— Épistome glabre ; front pourvu seulement de 3 ou 4 poils près du sommet de l'œil. 4 1/2—7 mill.............. 8.

7. Angles postérieurs du pronotum aussi saillants en arrière

(1) Les mâles des *Labidostomis* se distinguent habituellement des femelles par leur tête plus développée dans ses diverses parties et leurs pattes antérieures étirées et à tibias en arc. Par exception, les deux sexes de *tridentata* L. sont à peu près semblables.

(2) Syn. *floralis* Ol., 1791 (*nec* auct.) — *ruficollis* ‡ Fabr., 1792 (*nec* Fabr., 1775).

(3) Syn. *tibialis* Lac. — *meridionalis* Lac. — *Lacordairei* Reiche. — Chez cette espèce, le pronotum présente souvent des traces de duvet blanc, ordinairement plus accusées chez les femelles.

que son lobe antéscutellaire. Épaules sans point noir. Tête semblable dans les deux sexes; vertex ponctué-rugueux.. . ... **1. tridentata** L.

— Angles postérieurs du pronotum moins saillants en arrière que son lobe antéscutellaire. Épaules avec un point noir. Tête plus forte ♂ que ♀; vertex strigueux.   **2. humeralis** Schn.

8. Pronotum à ponctuation très fine, très brillant. 6—7 mill.. .... **3. lucida** Germ.

— Pronotum à points grossiers, profonds, arrondis. 4 1/2— 5 1/2 mill...................... **4. longimana** L.

9. Pubescence du pronotum bien fournie. Échancrure de l'épistome ordinairement sans dent. 7—10 mill. * **pallidipennis** Gebl.

— Pubescence du pronotum plus faible, moins serrée. Échancrure de l'épistome avec une saillie dentiforme au milieu. 5—8 mill...................... * **cyaneicollis** Germ. (1).

10. Pronotum plus ou moins pubescent et entièrement noir ardoisé ou bleu d'acier. — Élytres fauves ou testacés, ordinairement avec un point noir à l'épaule et 2 points en travers après le milieu (subg. *Lachnaea* Steph.). 6 1/2—12 mill..   **11.**

— Pronotum absolument glabre........................   **14.**

11. Élytres avec un bord tranchant tout le long de sa base; point noir huméral empiétant sur le calus de l'épaule.........   **12.**

— Élytres sans bord tranchant à la base; point noir huméral situé en arrière du calus de l'épaule. Forme très cylindrique. Pattes d'égales dimensions dans les deux sexes.. .... * **cylindrica** Lac.

12. Pronotum noir ardoisé. Ponctuation des élytres clairsemée postérieurement, mais distincte jusqu'au bout...........   **13.**

— Pronotum bleu d'acier. Ponctuation des élytres d'abord assez forte, puis brusquement effacée vers le sommet. 6 1/2—9 mill.............................. * **tristigma** Lac.

13. 2e art. des tarses antérieurs un peu plus long que large; 3e élargi, subcordiforme.......... .. **5. sexpunctata** Scop.

— 2e art. des tarses antérieurs grandement au moins deux fois aussi long que large; 3e à lobes subparallèles. — ♂. Pattes

____

(1) Cité de Gap (Hautes-Alpes) d'après la collection Reiche (Lefèvre, *in* Ann. Soc. ent. Fr., 1872, p. 93).

antérieures très longues, à tarses étirés, ciliés de chaque
côté et 3° art. allongé, fendu jusqu'à mi-longueur seulement ; mandibules explanées latéralement. * **pubescens** Duf.

14. Taille supérieure à 8 mill. — Élytres rouges ou fauves,
presque toujours avec des taches ou fascies noires.. .... 15.

— Taille inférieure à 7 mill.. .... 19.

15. 1er art. des tarses antérieurs subtriangulaire. Pattes semblables ♂, ♀ (*Melolontha s. str.*).................... 16.

— 1er art. des tarses antérieurs long, à côtés presque parallèles
(subg. *Tituboea* Lac.). Pronotum rouge ou noir ou varié
des deux couleurs. — ♂. Pattes antérieures allongées, à
tibias arqués................................. 18.

16. Pronotum et pattes noirs. Élytres plus ou moins ponctués,
ayant au plus un point huméral et une tache ou fascie dorsale noirs. — ♂. 5° segment ventral avec une dépression
glabre très brillante.... . ... 17.

— Pronotum rouge, taché de noir à la base. Tibias et tarses
roux. Élytres presque lisses, avec une tache humérale, un
point isolé et une fascie transversale noirs. * **atraphaxidis** Pall.

17. Pronotum très brillant, presque lisse sur le disque ; côtés
bordés d'une gouttière très étroite et non rugueuse.
Tache dorsale des élytres ordinairement large et transversale.............................. 6. **laeviuscula** Ratz.

— Pronotum peu brillant, ponctué, à côtés en gouttière superficielle, large et rugueuse. Tache dorsale des élytres ordinairement ponctiforme......... 7. **quadripunctata** L. (1).

18. Base des élytres avec un bord tranchant très net, entre l'écusson et l'épaule...................... * **biguttata** Ol.

— Base des élytres sans rebord entre l'épaule et l'écusson....
.... * **sexmaculata** F.

19. Élytres testacés (ordinairement avec deux taches ou fascies
noir bleu, l'une vers l'épaule, l'autre après le milieu).
Pronotum roux. Tarses étroits ; lobes du 3° art. grêles et

____

(1) Une espèce extrêmement voisine, *M. appendicina* Lac., s'en distinguerait
par son pronotum à ponctuation dorsale fine et à gouttière latérale moins large
et moins rugueuse. — Peut-être se trouve-t-elle à la frontière franco-ita-
lienne.

aigus. Sexes dissemblables : tête des mâles toujours forte
(*Coptocephala* Redt.)............... 8. **unifasciata** Scop. (1)

— Élytres entièrement verts, bleus ou noir violacé. Tarses assez
épais .... 20.

20. Yeux touchant à l'insertion des antennes. Sexes semblables
(*Cyaniris* Redt.) .... 21.

— Yeux distants de l'insertion des antennes. Sexes dissemblables : tête des mâles très forte, à épistome bidenté et
entaillé carrément entre les dents (*Chilotoma* Redt.).
Palpes, mandibules et labre roux ; pronotum roux avec
une grande tache médiane suborbiculaire bleue ou verdâtre.................. 14. **musciformis** Gœze (2).

21. Pattes vertes, bleues ou violet métallique. Dessus et dessous
du corps également métalliques............ 9. **concolor** F.

— Pattes et pronotum entièrement ou partiellement rouge
orangé. Dessous du corps non métallique........ ...... 22.

22. Pronotum entièrement rouge orangé. Élytres bleus ou légèrement verdâtres................................. 23.

— Pronotum noir ou noir bleuâtre sur la partie médiane et roux
sur les côtés.................. ... . 25.

23. Côtés du pronotum comprimés et paraissant presque recti-
lignes, vus de haut. Tarses noirs........ * **nigritarsis** Lac.

— Côtés du pronotum non comprimés, curvilignes. Tarses roux
ou enfumés..................................... 24.

(1) Espèce extrêmement variable, que plusieurs auteurs subdivisent, sans
parvenir, il est vrai, à caractériser exactement les diverses formes européennes
qu'ils en ont détachées.

Les trois principales variétés qui existent dans le bassin de la Seine peuvent
se définir de la manière suivante :

a. Labre ordinairement roux. Fémurs roux ou noir-bleu. Tibias souvent roux . ... v. *unifasciata* **Scop.**

a'. Labre noir ou brun de poix. Pattes ordinairement noir-bleu.

b. Tache basilaire des élytres transversale........ v. *Scopolina* L.

b'. Tache basilaire des élytres humérale et oblongue.   v. *rubicunda* Laich.

(2) La femelle de *M. musciformis* ressemble beaucoup à *M. affinis* ; elle en
diffère par ses yeux distants de l'insertion des antennes et par la tache du pronotum suborbiculaire.

24. Mandibules noires. Front très largement impressionné.
Élytres fortement ponctués. Corps et membres assez
épais.. 10. **cyanea** F. (1).

— Mandibules orangées. Front presque plan, avec une fossette
médiane ponctiforme. Élytres moins fortement ponctués.
Corps moins trapu et membres peu épais. 11. **flavicollis** Charp.

25. Palpes roussâtres. Pronotum avec des points sur le disque.
Élytres bleus. 3 1/2—4 mill.............. 12. **affinis** Hellw.

— Palpes noirs. Pronotum très lisse, sauf le long de la base.
Élytres noir violacé, très brillants. 4 1/2—6 mill. 13. **aurita** L.

V. Tribu **Cryptocephalini.**

Genres français.

1. Écusson très distinct. Yeux aplatis et réniformes........... 2.

— Écusson nul. Yeux convexes et ovalaires. Taille très petite.
1—2 1/2 mill.)...................... 10. **Stylosomus.**

2. Fémurs antérieurs de même largeur que les autres. Base du
pronotum sans rebord ni ligne ponctuée spéciale.........
.... 8. **Cryptocephalus.**

— Fémurs antérieurs dilatés, trois fois aussi larges que les tibias
antérieurs. Base du pronotum avec un rebord précédé d'une
ligne de points extrêmement serrés....... 9. **Pachybrachis.**

8. Gen. **Cryptocephalus** Müller, 1764.

Syn. *(ad partem) Disopus* Steph., 1839. — *Proctophysus* Redt., 1845.

Species : Suffrian, *in* Linnaea entom., II, p. 1 ; III, p. 1 ; VIII, p. 88.
— Marseul, *in* L'Abeille, XIII, Cryptocéph., p. 1-326 (1874). — Weise,
Naturg. Ins. Deutsch., VI, p. 140 (1882). — *Mœurs et métam. :* Rosenhauer, Ueb. Entw. u. Fortpfl. d. Clythr. u. Cryptoceph. (1852). —
(cf. Rupertsberger, Biol. Käf. Eur., p. 249). — Tappes, *in* L'Abeille, IV,
p. LXXXII.

(1) Seidlitz (Fn. Balt., ed. 2, p. 679) rejette avec raison le nom de *salicina*
Scop., adopté pour cette espèce par Lefèvre et par Weise. En effet, Scopoli (Ent.
Carn., p. 65) dit que son *Buprestis salicina* a le prothorax ponctué, comme les
élytres, et l'abdomen rouge *en dessus*. Rien de pareil n'existe chez *M. cyanea*.
La description de Scopoli et la figure grossière de l'Insecte (fig. 199) conviennent
bien plutôt à *Gastroidea polygoni* L.

Le genre *Cryptocephalus* est à la fois le plus nombreux de tout l'ordre des Coléoptères (1) et l'un des plus homogènes. Ses espèces, presque toutes de couleurs vives et fréquemment variables, sont diurnes. La plupart des nôtres se trouvent sur les feuilles des arbres et des arbrisseaux (*Quercus, Salix, Populus, Betula, Crataegus, Prunus, Tamarix,* etc.) ou sur les fleurs des Composées liguliflores ; quelques autres, sur des Labiées, Génistées, Hypéricinées, etc. (2) ; une seule espèce française, *C. pini* L., vit sur des Abiétinées (3) ; c'est aussi la seule qui paraisse en automne, tandis que ses congénères se montrent ordinairement au printemps ou vers le commencement de l'été (4).

Les femelles se reconnaissent constamment à la fossette très profonde de leur dernier segment ventral. Les mâles, chez beaucoup d'espèces, présentent des caractères spéciaux, soit dans les pattes, soit dans les antennes ou sur le dernier segment ventral (5). De plus, la tendance au dichroïsme sexuel est fréquente et parfois très accusée (ex. : *C. Schæfferi, C. Loreyi, C. coryli, C. marginatus.* etc.).

Espèces.

1. Pronotum et élytres sans pubescence.... .... 2.

— Pronotum et élytres garnis de poils dressés, visibles de profil (6). — ♂. Élytres et pattes bleus ; antennes à articles comprimés, le 2e avancé extérieurement ; dernier article des palpes maxillaires sécuriforme ; tibias postérieurs terminés en dedans par une grande lame irrégulière. — ♀. Élytres bleus, à tache apicale rousse ; pattes rousses ; pygidium avec une profonde entaille en arrière. — (*Proctophysus* Redt.). 6—6 1/2 mill........ **1. Schæfferi** Schrk.

(1) Il compte environ 700 espèces, distribuées dans le monde entier.

(2) La liste de plantes dressée par S. de Marseul dans sa Monographie (p. 18) est une simple compilation et fourmille d'erreurs.

(3) A la suite des plantations de divers *Pinus.* cet Insecte s'est répandu sur plusieurs points du bassin de la Seine, notamment à Fontainebleau.

(4) Certaines espèces exhalent une odeur assez forte, analogue à celle des Coccinellides.

(5) Cf. Marseul, loc. cit., p. 15-16.

(6) Le même caractère se retrouve chez quelques autres *Cryptocephalus* méridionaux, notamment chez *C. rugicollis* Ol., espèce à élytres fauves. plus ou moins tachés de noir. qui remonte jusqu'en Poitou : Niort (Varin !).

2. Fémurs antérieurs soit entièrement métalliques, soit noirs même *en dessous* (avec ou sans tache laiteuse ou jaunâtre au côté externe, près du genou)........ .... 3.

— Fémurs antérieurs testacés, soit en entier, soit *en dessous* seulement ... . 21.

3. Élytres soit rouges ou jaunes (unicolores ou variés de noir), soit noirs et variés de rouge ou de jaune................ 4.

— Élytres soit métalliques en entier, soit bleus ou bleuâtres (parfois avec une bande dorsale ou des taches jaunes ou orangées)...................... .... 13.

4. Épistome jaune. Fémurs (au moins les postérieurs) avec une tache laiteuse ou jaunâtre, près du genou. Pronotum orné de bandes ou de taches claires sur la ligne médiane et les côtés. Élytres ponctués. 5—6 mill.................... 5.

— Épistome noir. Fémurs sans tache pâle. Pronotum sans bandes ni taches claires sur le disque.................. 7.

5. Épipleures entièrement ou en partie rouges. Pronotum à dessins couleur d'ivoire................................ 6.

— Épipleures entièrement noirs. Pronotum à dessins rougeâtres et à côtés creusés en gouttière........ 5. **sexpunctatus** L.

6. Épipleures entièrement rouges. Pronotum à tache antéscutellaire bilobée et non reliée à la bande médiane. Tibias (au moins les antérieurs) jaunes............ 3. **cordiger** L.

— Épipleures bordés de noir le long de la poitrine. Pronotum à bande médiane complète, renfermant presque toujours un léger trait noir. Tibias noirs....... 4. **octopunctatus** Scop.

7. Front avec une très petite tache rousse contre le lobe supérieur de l'œil (1). Épipleures tout rouges. Sexes dissemblables. .... 8.

— Front sans taches rousses contre les yeux........ .... 9.

8. Tibias intermédiaires arqués. Saillie prosternale assez fortement bidentée en arrière. — ♂. Élytres oblongs, à taches noires isolées ; saillie prosternale très resserrée entre les hanches antérieures ; tarses antérieurs très dilatés ; tibias

(1) Ici viendraient se placer deux espèces des contrées montagneuses, *C. quadripunctatus* Ol. et *C. sinuatus* Har. (*fasciatus* ‖ Suffr.). remarquables par leur écusson taché de blanc jaunâtre.

postérieurs terminés en dedans par un lobe irrégulier. —
♀. Élytres amples, à fascies transversales noires ; saillie
prosternale et pattes normales. — 7 1/2—9 mill. 1. **Loreyi** Sol.

— Tibias intermédiaires droits. Saillie prosternale à peine bidentée en arrière. Élytres ordinairement tout rouges. Pronotum noir ♂, rouge ♀ (1)..................... 2. **coryli** L.

9. Pronotum densément et très visiblement ponctué, noir, à
léger reflet verdâtre. Élytres densément ponctués, rouges,
sans liséré noir à la suture, ni au sommet, ordinairement à
5 taches noires [2, 2, 1]. Épipleures tout rouges. Saillie
prosternale prolongée et retroussée en arrière. 5—6 mill..
.... 6. **decemmaculatus** Geoffr. (2).

— Pronotum lisse ou imperceptiblement ponctué, tout noir.
Élytres plus ou moins striés-ponctués, soit avec un liséré
noir longeant la suture, le sommet et, au moins en partie,
les côtés, soit envahis davantage par la couleur noire.... 10.

10. Écusson échancré et presque bidenté en avant. 4—7 mill... 11.

— Écusson tronqué en avant. Élytres jaunes, à bandes suturale
et dorsale noires (réunies postérieurement ♂, disjointes ♀) ;
épipleures jaunes. 3—5 mill. — ♂. Angles antérieurs du
pronotum garnis de pubescence grise........ 10. **vittatus** F.

11. Épipleures et rebord latéral des élytres jaunes en avant.
Élytres jaunes, à 3 points noirs [1, 2]. Pronotum à ponctuation très fine et très éparse........... 7. **imperialis** Laich.

— Épipleures et rebord latéral des élytres tout noirs. Pronotum
presque lisse......................... 12.

12. Élytres rouges, ordinairement avec 2 points noirs [1 huméral, 1 dorsal] ; suture à liséré noir très étroit......... .
.... 8. **bipunctatus** L. (3).

— Élytres noirs, ornés postérieurement d'une grande tache

(1) Le mâle a parfois une raie rouge aux angles postérieurs du pronotum ; la
femelle porte très rarement une tache rouge sur l'écusson.

(2) Syn. *primarius* Har. (*imperialis* + Fabr.).

(3) D'après Seidlitz (Fn. Balt., ed. 2, p. 684), *C. sanguinolentus* Scop.,
propre aux régions montagneuses, constituerait une espèce distincte, caracté-
risée par ses élytres ornés d'une longue bande dorsale noire ou même (très
rarement) tout noirs.

fauve, subarrondie et s'écartant de la suture en avant....
.... 9. **biguttatus** Scop.

13. Élytres uniformément ponctués. Épistome et front sans taches
claires. Pronotum entièrement bleuâtre ou métallique, densément ponctué.. .... 14.

— Élytres striés-ponctués. Épistome jaune ou taché de jaune.
3—5 mill...................... .... 19.

14. Élytres unicolores............................ 15.

— Élytres d'un bleu foncé, à taches subhumérale et subapicale
d'un rouge orangé. 3 1/2—4 mill... * **tetraspilus** Suffr. (1).

15. Dessous du corps et art. 1-4 des antennes métalliques ; dessus ordinairement vert ou doré, parfois cuivreux, pourpré
ou bleu métallique. Pronotum pourvu, le long du rebord
latéral, d'une gouttière élargie en arrière............ ..... 16.

— Dessous du corps noir bleuâtre ; dessus bleu foncé. Pronotum à gouttière latérale très étroite, non élargie en arrière.
4—5 mill.................................... 18.

16. Pygidium sans carinule longitudinale sur sa moitié inférieure.
5—7 1/2 mill........... .... 17.

— Pygidium avec une très fine carène longitudinale sur sa
moitié inférieure. 4 1/2—5 mill. — ♂. Dernier segment
ventral avec une large dépression..... 14. **cristula** Duf. (2).

17. Base du pronotum avec 2 fovéoles ou impressions transversales séparées par une légère bosselure antéscutellaire. —
♂. Dernier segment ventral avec une grande impression précédée d'une crête transversale bidentée. 12. **bidens** Thoms. (3).

— Base du pronotum presque unie. — ♂. Dernier segment
ventral avec une dépression superficielle, sans crête en
avant...................... 13. **aureolus** Suffr.

(1) Cette espèce paraît propre aux contrées montagneuses. Elle est citée
d'Amiens au Cat. de la Somme et figure réellement dans la collection Obert!,
mais sa provenance est fort douteuse.

(2) Cette espèce est considérée par la plupart des auteurs comme *hypochoe-
ridis* Linné, mais l'Insecte linnéen n'est évidemment pas un *Cryptocephalus* ;
sa diagnose conviendrait plutôt à la femelle de *Gastroïdea viridula* Deg.

(3) Syn. *sericeus* ‡ Suffrian (*nec* Linné).

18. Articles 2-4 des antennes noirs ou bleutés. — ♂. Tibias postérieurs simples..... .... 15. **violaceus** Laich.

— Articles 2-4 des antennes bruns ou roussâtres. — ♂. Tibias postérieurs contournés et entaillés en dedans, près du sommet............................... 16. **tibialis** Bris.

19. Tête sans tache jaune contre le lobe supérieur de chaque œil. Pronotum sans bordure jaune en avant (♂, ♀)...... 20.

— Tête avec une tache jaune contre le lobe supérieur de chaque œil. Élytres tout bleus. — ♂. Bord antérieur du pronotum. au moins en partie, bordé de jaune ; taches interoculaires réunies sur le front... .... 18. **janthinus** Germ.

20. Trochanters brun roux. Élytres tout bleus (♂, ♀).... ... . 17. **parvulus** Müll.

— Trochanters noir bleu. Élytres bleu noirâtre, ornés d'une bande dorsale jaune souvent très large ♀, unicolores ou avec une tache subapicale jaune (var. *terminatus* Germ.) ♂. . . . . 19. **marginatus** F.

21. Tibias longs et linéaires, sans arêtes ni carène sur leur face extérieure..................... .... 22.

— Tibias courts, presque triangulaires, à face extérieure carénée latéralement et avec des traces d'arête vers la base. Tarses épais (*Disopus* Steph.). Pronotum à ponctuation très régulière, très serrée. Élytres ponctués. Insecte fauve ou testacé. 3—4 mill. — ♂. Tarses antérieurs dilatés.... 45. **pini** L.

22. Pronotum sans points ocellés. Insectes d'aspect luisant ou à peine soyeux..................... 23.

— Pronotum couvert de points ocellés, très serrés. Insecte mat, fauve, presque toujours orné de 10 petits points noirs (2 sur le pronotum et 4 sur chaque élytre). Forme massive. 5 mill................. 44. **duodecimpunctatus** F.

23. Pronotum bleu ou verdâtre (sauf parfois sur les côtés et au bord antérieur) .... 24.

— Pronotum autrement coloré..................... 26.

24. Élytres ponctués. Saillie prosternale terminée par 2 épines en arrière. 3—4 mill. — ♂. Pattes intermédiaires et postérieures noires ou noirâtres........................ 25.

— Élytres striés-ponctués, tout bleus. Pronotum lisse. Pattes
rousses. 2 1/2—3 1/2 mill........... 23. **pallidifrons** Gyll.

25. Rebord latéral du pronotum, épipleures et élytres tout bleus.
— ♀. Pattes entièrement rousses............. 20. **nitidus** L.

— Rebord latéral du pronotum et bourrelet supérieur des épipleures blanc d'ivoire. Élytres bleus, à large tache apicale
rousse (1). — ♀. Fémurs postérieurs noirâtres...........
.... 21. **marginellus** Ol.

26. Élytres à stries de points régulières. .... 27.

— Élytres à stries de points emmêlées ou indistinctes, noirs;
bourrelet épipleural jaune d'ivoire en avant. 3—5 mill. —
♂. Pronotum bordé de jaune pâle au sommet et sur les
côtés................................. 22. **flavipes** F.

27. Élytres bleus. Pronotum noir, bordé de roux au moins au
sommet, ponctué. 2—3 mill.... ...... 24. **punctiger** Payk.

— Élytres autrement colorés...... .... 28.

28. Disque du pronotum avec une forte impression transversale
vers le milieu de chaque côté. 3—4 mill........... 29.

— Disque du pronotum sans impressions transversales....... 30.

29. Épipleures cessant au niveau du 3ᵉ segment ventral. Élytres
brillants, à stries de points grosses et profondes, tantôt
ornés de 5 taches noires sur fond jaune (var. *decempunc-
tatus* L.), tantôt noirs................. 25. **bothnicus** L.

— Épipleures prolongés jusqu'au tournant apical des élytres.
Ceux-ci un peu ternes, à stries de points assez fines et peu
profondes. Coloration très variable..... * **frenatus** Laich. (2).

30. Dernier interstrie latéral des élytres jaune, au moins sur son
tiers antérieur; épipleures jaunes, au moins en avant.... 31.

— Dernier interstrie latéral des élytres noir, au moins sur la
première moitié de sa longueur. 2—3 1/2 mill......... 42.

31. Taille moyenne (3 1/2—4 mill.). — Élytres noirs, presque
toujours ornés de grosses taches jaunes ou orangées..... 32.

---

(1) La var. *inexpectatus* Fairm., de Provence, a les élytres fauves, avec une
tache humérale foncée.

(2) Indiqué de Péronne, sous le nom de *C. flavescens* Schneid., au Cat. des
Col. de la Somme (p. 190), mais l'Insecte qui représente cette espèce dans la
collection Obert est de provenance suspecte.

— Taille petite (1 3/4—2 3/4 mill.). — Pattes rousses ou jaunes, sauf parfois les postérieures...................... **34.**

32. Forme oblongue. Élytres à stries de points fortes et entières. Pattes intermédiaires et postérieures ordinairement noires. **33.**

— Forme trapue. Élytres à stries de points très fines et superficielles, effacées en arrière ; ordinairement ornés de 4 taches (var. *gravidus* H.-Schäff.), dont une basilaire, mais n'enfermant pas l'écusson............ **28. crassus** Ol.

33. Saillie prosternale terminée en arrière par 2 pointes jaunes. Élytres ornés seulement de 2 taches ou fascies, latérales l'une et l'autre. — ♂. Pronotum parfois avec une fascie rouge devant l'écusson (var. *vittiger* Mars.)... **26. Moræi** L.

— Saillie prosternale sans pointes en arrière. Élytres avec 4 taches jaunes, dont une basilaire, prolongée derrière l'écusson, et une dorsale, isolée. **27. octacosmus** *nom. nov.* (1).

34. Pronotum noir, bordé de jaune au sommet et sur les côtés.. **35.**

— Pronotum jaune ou rouge, parfois taché de noir en arrière ou enfumé sur le disque...................... **37.**

35. Pronotum d'aspect soyeux et couvert de rides longitudinales serrées ; région antéscutellaire parfois avec 2 points jaunes (var. *armeniacus* Fald.). Élytres d'un jaune pâle, à bandes suturale et dorsale noires.. .... **29. bilineatus** L.

— Pronotum brillant (lisse ou ponctué)...................... **36.**

36. Pronotum semé de points oblongs. Élytres fortement striés-ponctués, noirs, avec la base, les côtés, le sommet et ordinairement une tache dorsale jaune... **30. elegantulus** Grav.

— Pronotum lisse ou à points arrondis. Élytres assez finement striés-ponctués, jaunes, avec l'extrême base, une tache humérale (souvent prolongée en arrière) et une bande suturale noires..................... .... **31. pygmaeus** F.

37. Écusson jaune, parfois cerné de brun. Élytres fauves ou roussâtres, très rarement un peu enfumés sur le disque.. **38.**

— Écusson noir ou brun-noir...................... **41.**

38. Sillon médian du front très net et prolongé jusqu'à l'épistome. Tibias antérieurs arqués (armés, chez le mâle, d'une dent subapicale interne)........ .... **35. populi** Suffr.

____

(1) Syn. *sexpustulatus* ‖ Rossi, 1790 (*nec* Villers, 1789).

— Sillon médian du front effacé en avant ou nul. Tibias antérieurs droits et normaux (♂, ♀)...................... 39.

39. Élytres à stries de points non oblitérées en arrière... .. .. 40.

— Élytres à stries internes effacées en arrière; marge suturale non rembrunie. Dessous du corps souvent brun ou roussâtre.... .... 34. **macellus** Suffr.

40. Pronotum aussi large que les élytres, lisse. Suture des élytres à marge finement rembrunie. Dessous du corps noir............................. 32. **fulvus** Gœze (1).

— Pronotum plus étroit que les élytres, ponctué. Suture non rembrunie au bord interne. Dessous du corps et antennes entièrement roux................ 33. **ochroleucus** Fairm.

41. Mentonnière du prosternum saillante. Élytres de coloration très variable (soit roux, souvent enfumés sur le disque, soit noirs, avec une bordure latérale et apicale rousse). Épimères mésothoraciques ordinairement noirs. 36. **pusillus** F.

— Mentonnière du prosternum rudimentaire. Élytres noirs, avec la moitié antérieure du dernier interstrie jaune et parfois une tache apicale rousse. Épimères mésothoraciques roux........................ .... 37. **rufipes** Gœze.

42. Élytres entièrement noirs................. .... 43.

— Élytres noirs, à sommet largement roux. Épipleures jaunes ou bruns. Pronotum tout noir, lisse... 38. **chrysopus** Gmel.

43. Épipleures et pronotum tout noirs.................. 44.

— Épipleures jaunes le long de la poitrine. Pronotum bordé de jaune au sommet et sur les côtés. Écusson noir ou taché de pâle........ .... 39. **frontalis** Marsh.

44. Pronotum poli et lisse ou à peu près...................., 45.

— Pronotum couvert de fines rides longitudinales. — ♂. Tête ornée de deux bandes jaunes, longeant les yeux et les dépassant en arrière .... 43. **Wasastjernai** Gyll. (2).

(1) C'est bien, quoi qu'en aient dit Kiesenwetter et Seidlitz, l'espèce décrite par Geoffroy et publiée par Gœze. Le *type*, que j'ai vu, est conforme à la description des deux auteurs.

Une espèce méridionale très voisine, *C. signaticollis* Suffr., se distingue de *C. fulvus* par son front orné de taches jaunes sur fond noir.

(2) Comme Seidlitz l'a fait observer avec raison (Fn. Balt., éd. 2, p. 686), le

45. Front sans taches jaunes en arrière.................. .. 46.

— Front avec 2 taches jaunes près du sommet des yeux. Pattes
    entièrement rousses. 2 1/2—3 1/2 mill... **42. ocellatus** Drap.

46. Fémurs postérieurs roux, non ou à peine rembrunis en des-
    sus. Mentonnière du prosternum courte et obtuse. 3 mill.
    .... **41. querceti** Suffr.

— Fémurs postérieurs largement noirs ou noirâtres. Menton-
    nière du prosternum anguleusement saillante. 2—2 1/2 mill.
    — ♂. Front tout noir ou avec un point jaune contre l'échan-
    crure de l'œil (var. *digrammus* Suffr.)..... . **40. labiatus** L.

9. Gen. **Pachybrachis** Redtenbacher, 1845 (1).

Syn. *Pachybrachys* Suffrian, 1847.

Revision : Marseul, *in* L'Abeille, XIII, Cryptocéph., p. 249 (1874). —
Weise, Naturg. Ins. Deutschl., VI, p. 245. — Rey, *in* Rev. d'Ent., II
(1883), p. 261 et 289. — *Larves :* Rosenhauer, Ueb. Entw. u. Fortpfl.
d. Clythr. u. Crypt., p. 32, fig. 19 (1852).

Genre très voisin des *Cryptocephalus*, mais bien plus restreint et
composé seulement de petites espèces cylindriques vivant sur divers
arbres ou arbustes, tels que *Salix, Quercus, Hippophaë, Erica,* etc.

Le dernier segment ventral porte, chez les mâles, une impression
bordée ou non de touffes de poils gris, et, chez les femelles, comme
d'ordinaire, une fossette très profonde.

Espèces.

1. Dessus varié de noir et de jaune.... .... 2.

— Dessus bleu ou vert métallique (*Chloropachys* Rey). Pattes
    en majeure partie rousses. 3—4 mill. — ♂. Bord antérieur
    et bords latéraux du pronotum, rebord basilaire des

nom d'*exiguus* ne saurait être conservé pour cette espèce ; la description de
Schneider s'y oppose.

(1) Chevrolat, auteur du nom de *Pachybrachis* (*in* Dejean, Cat.. 1836, p. 420),
ne l'a publié qu'en 1847 (*in* Ch. d'Orbigny, Dict. d'Hist. nat., IX. p. 381), mais,
en le décrivant, il lui donne pour étymologie les mots παχύς, épais, et βραχίων,
bras.

L'orthographe adoptée par Suffrian (*in* Linn. entom., II. p. 6 et 8), est, par
conséquent, inadmissible.

élytres et partie antérieure des épipleures ordinairement
jaune clair.. .... *** azureus** Suffr.

2. Ponctuation du pronotum forte, irrégulière et peu serrée. —
   ♂. 5ᵉ segment ventral avec une touffe de poils gris aux
   côtés de l'impression médiane (*Pachybrachis s. str.*). 3 1/2—
   4 mill...... .... 3.

— Ponctuation du pronotum assez fine, régulière et serrée, au
   moins sur les parties noires. — ♂. 5ᵉ segment ventral sans
   touffe de poils gris aux côtés de l'impression médiane
   (*Pachystylus* Rey). 2—3 mill......................... 9.

3. Disque des élytres avec des empâtements lisses bien détachés,
   jaunes sur fond noir. Forme massive. **3. tessellatus** Ol. (1).

— Disque des élytres sans reliefs accusés.................... 4.

4. Épimères mésothoraciques tachés de jaune pâle........... 5.

— Épimères mésothoraciques tout noirs.... .... 8.

5. Rebord latéral du pronotum noir ou enfumé..... .... 6.

— Rebord latéral du pronotum jaune clair...... .... 7.

6. Épistome taché de jaune........... **1. hieroglyphicus** Laich.

— Épistome noir (var. du précédent?)........... *** apicalis** Rey.

7. Lobe supérieur de l'œil à saillie inféro-interne arrondie.
   Écusson noir, même chez le ♂... ...... **2. suturalis** Weise.

— Lobe supérieur de l'œil à saillie inféro-interne subanguleuse.
   Écusson noir ou taché de jaune ♂....... *** pallidulus** Suffr.

8. Palpes maxillaires à derniers articles noirâtres. Rebord latéral du pronotum rembruni............... *** sinuatus** Rey.

— Palpes maxillaires roux, à dernier article seul enfumé au
   sommet. Rebord latéral du pronotum pâle. *** hippophaës** Suffr.

9. Pronotum à rebord latéral jaune. Élytres veinés de jaune sur
   toute leur étendue. Pygidium avec 2 taches pâles........
   .... *** pradensis** Mars.

---

(1) Deux espèces françaises, assez mal définies, se classent, d'après C. Rey, à
côté de *P. tessellatus;* l'une, *P. exclusus* Rey, s'en distinguerait par son dernier segment ventral et parfois aussi ses épimères mésothoraciques tachés de
pâle, l'autre, *P. picus* Weise (? *histrio* Fabr. *sec.* Seidlitz), par ses pattes de
couleur assez claire et son pygidium sans taches pâles (ce dernier caractère se
retrouve chez certains exemplaires de *P. tessellatus*).

— Pronotum à rebord latéral noir. Élytres noirs, à pourtour
plus ou moins bordé de jaune. Pygidium tout noir......
.... 4. **fimbriolatus** Suffr. (1).

10. Gen. **Stylosomus** Suffrian, 1847.

Révision : Rey, *in* Rev. d'Entom., II (1883), p. 314.

Insectes peu nombreux, de très petite taille, légèrement pubescents,
noirs, fauves ou bicolores. Ils sont presque tous méridionaux et vivent
sur des arbres ou arbustes de familles très diverses (2).

Les femelles se reconnaissent à la fossette très profonde de leur dernier segment ventral.

S. minutissimus Germar, 1824. — Cylindrique, très ponctué,
d'un noir peu brillant; fémurs et tibias roussâtres; antennes brunes ou
roussâtres vers la base, atteignant ou dépassant à peine la moitié du
corps; pubescence dorsale rare, grisâtre. Pronotum déprimé transversalement vers la base. Poils des élytres légèrement soulevés et plus ou
moins alignés. Tibias intermédiaires arqués; onychium dépassant de
moitié seulement les lobes du 3e article des tarses. — Long. 1 1/2—
2 mill.

VI. Tribu **Lamprosomatini.**

Cette remarquable tribu ne renferme que les trois genres *Oomorphus*
Curt., *Lychnophaës* Lac. et *Lamprosoma* Kirby; les deux derniers sont
propres à l'Amérique du Sud.

11. Gen. **Oomorphus** Curtis, 1831.

Syn. Lamprosoma (pars) Lac. *(nec Kirby).*

Notes : Chapuis, Gen. des Coléoptères, X, p. 216.

Le genre *Oomorphus* compte actuellement quatre espèces, une de
Formose, deux du Japon et la nôtre. Cette dernière vit sur le Lierre

(1) Il est très douteux que le *P. scriptus* H.-Schäff., signalé par C. Rey
comme pris à Draguignan (d'après Doublier), existe réellement en France.

(2) Les *Stylosomus* français sont, d'après C. Rey, au nombre de six espèces :
S. tamarisci H.-Schäff. et *S. corsicus* Rey, propres à des *Tamarix*; *S. rugi-
thorax* Ab., qui vit sur *Berberis vulgaris* (suivant E. Abeille); *S. ilicicola*
Suffr., sur *Quercus ilex*!; *S. minutissimus* Germ., sur *Betula alba*!; et
S. depilis Ab., sur *Erica arborea.*

(*Hedera Helix* L.), mais on ne sait rien de ses métamorphoses ; son faciès tout spécial l'avait fait ranger primitivement au nombre des *Byrrhus* et des *Phalacrus*.

O. concolor Sturm. 1807. — Ovoïde, régulièrement convexe, noir bronzé, très brillant, glabre en dessus, à peine pubescent en dessous ; antennes noires, à 2ᵉ article roux clair ; articles 7-11 très dilatés. Pronotum aussi large que les élytres, pentagonal, très court, finement ponctué. Écusson très petit. Élytres avec des lignes de points régulièrement espacées et deux séries de points très fins sur chaque intervalle. Métasternum garni de gros points profonds. Plaque fémorale du 1ᵉʳ segment ventral concave, rebordée. Pattes courtes ; ongles simples. — Long. 2 1/2—3 1/2 mill.

VII. Tribu **Eumolpini.**

Genera et Cat. : Lefèvre, *in* Mém. Soc. Sc. Liége, XI (1885).

Tribu nombreuse dans les régions intertropicales, mais à peine représentée en Europe par quelques genres eux-mêmes très restreints.

Genres français.

1. Prosternum pourvu, entre les hanches antérieures, de sillons antennaires. Élytres striés-ponctués. Corbeilles des tibias intermédiaires formant, vers le tiers inférieur du bord externe, un talon dentiforme. Ongles simples ou seulement subdentés à la base...................... 12. **Pachnephorus.**

— Prosternum sans sillons antennaires. Élytres sans stries de points. Corbeilles des tibias intermédiaires terminales ou subterminales. Ongles appendiculés...................... 2.

2. Prothorax sans rebord sur les côtés. Prosternum très large entre les hanches antérieures. Dessus du corps pubescent, noir, à élytres concolores ou marrons.......... 13. **Bromius.**

— Prothorax rebordé latéralement. Intervalle des hanches antérieures égal au diamètre de l'une d'elles................ 3.

3. Métasternum plus long que le mésosternum. Dessus du corps (bleu-violet) glabre. Long. 8—10 mill...... 14. **Chrysochus.**

— Métasternum aussi court que le mésosternum. Dessus du corps

(vert, doré ou cuivreux) à pubescence blanchâtre. Long.
1 1/2—3 mill..................................... * **Colaspidea** (1).

12. Gen. **Pachnephorus** Redtenbacher, 1845.

Synopsis : Lefèvre, *in* L'Abeille, XIV, 2e partie, p. 10.

Les *Pachnephorus* comptent une vingtaine d'espèces, la plupart
méditerranéennes, toutes de petite taille et dont les téguments, généralement bronzés, sont souvent garnis de poils très courts ou de squamules
blanchâtres. On les trouve en plein soleil, au bord des eaux, sur le
sable ou les plantes basses ; on ne sait rien de plus sur leurs mœurs, et
leurs métamorphoses sont inconnues.

P. pilosus Rossi, 1790. — Oblong, assez convexe, bronzé, garni de
squamules grises presque piliformes, entremêlées, par places, de squamules plus larges, blanchâtres, formant souvent, sur les élytres, des
taches en damier. Tête penchée. Pronotum à peine plus long que large,
densément ponctué, à rebord latéral *très oblique, presque rectiligne.
Élytres plus larges que le prothorax, à épaules saillantes et stries de
points assez fortes. Épisternes métathoraciques et côtés du ventre enduits
d'une couche squameuse blanchâtre. Ongles simples. — Long. 2 1/2—
3 1/2 mill.

13. Gen. **Bromius** Redtenbacher, 1845.

Syn. *Adoxus* Baly, 1860 (2). — *Eumolpus* (subg. *Adoxus*) Kirby (1837).

Mœurs et métam. : Valéry Mayet, Insectes de la Vigne, 1890, p. 320-
329, tab. III, fig. 7-9.

Dans les parties froides ou montagneuses de l'Europe, l'unique espèce
du genre, *B. obscurus* L., habite les bois humides et vit sur l'*Epilobium
spicatum* Lam. (*angustifolium* L.) ; on y trouve le type tantôt seul, tantôt
accompagné de variétés à élytres marrons (var. *epilobii* Weise). Dans
les pays vignobles, au contraire, la var. *villosulus* Schrank (*vitis* Geoffr.)
remplace exclusivement le type, et sa larve cause souvent de graves
préjudices en rongeant les racines du *Vitis vinifera ;* l'adulte ou *gribouri*
doit son surnom d'*écrivain* aux découpures régulières qu'il pratique sur
les feuilles de la Vigne (3).

(1) Lap., 1833 (*Dia* Redt., 1858). — Genre méditerranéen, comprenant seulement trois espèces françaises.

(2) *In* Journ. of Entom., I, p. 27 ; II (1866), p. 147-149.

(3) Quelques auteurs récents prétendent que tous les exemplaires de *Bromius*

B. obscurus Linné, 1758. — Trapu et convexe, très ponctué, assez terne, noir, à pubescence rase, peu serrée, blanchâtre ou jaunâtre. Base des palpes et des antennes ferrugineuse. Tête penchée. Prothorax convexe, sans rebords, portant un long poil à chacun de ses angles. Élytres ordinairement noirs, rarement marrons, convexes, plus larges que le prothorax, à épaules saillantes; ponctuation avec quelques traces de séries longitudinales formant presque des stries vers les bords latéraux. Tibias noirs ou ferrugineux, à arêtes longitudinales cariniformes; ongles appendiculés. — Long. 4 1/2—5 1/2 mill.

Var. *villosulus* Schrank. — Ponctuation à peine plus fine, un peu plus régulière; pubescence jaunâtre; élytres marrons; tibias ferrugineux.

14. Gen. **Chrysochus** Redtenbacher, 1845.

Mœurs et métam. : Xambeu, *in* Le Naturaliste, 1892, p. 117.

Les *Chrysochus* sont peu nombreux et répartis entre l'Europe, l'Asie et la région californienne. L'unique espèce française, *C. asclepiadeus* Pall. (*pretiosus* Fabr.), vit sur une Asclépiadée des terrains calcaires, *Vincetoxicum officinale* Mœnch (*Asclepias Vincetoxicum* L.) et paraît au commencement de l'été (1). Sa larve est souterraine et ronge les racines du *Vincetoxicum*; elle subit sa dernière transformation dans le sol, à près de 25 centimètres de profondeur.

C. asclepiadeus Pall., 1776. — Ovalaire, très convexe, glabre en dessus, à peine pubescent en dessous, brillant, ordinairement bleu violet; palpes et antennes plus noirâtres. Tête penchée. Pronotum transversal, convexe, à points épars, surtout au milieu; base et sommet rebordés. Élytres plus larges que le prothorax, à calus huméral accusé; surface convexe, ponctuée; rebord sutural très net en arrière. Bords latéraux du prosternum verticaux devant les hanches. Fémurs ponctués près du genou; tibias ponctués, bordés d'une cannelure le long du côté interne. Ongles appendiculés. — ♂. 1er article des tarses antérieurs et intermédiaires dilaté. — Long. 8—10 mill.

disséqués jusqu'ici appartiennent au sexe femelle et que le mâle est resté introuvable (*cf.* Valéry Mayet, loc. cit., p. 325).

(1) D'après Aubé (Ann. Soc. ent. Fr., 1837, p. LVIII) « les téguments du prothorax et des élytres sécrètent, quand on irrite l'Insecte, un liquide incolore, d'une odeur fétide ». Pallas avait déjà signalé le même fait.

VIII. Tribu **Chrysomelini.**

Weise, Naturg. Ins. Deutschl., VI (1882-88). — S. de Marseul, Monogr.
des Chrysom. de l'Ancien Monde (1883-89).

Genres français.

1. Métasternum bien plus court que le prosternum ; saillie prosternale dépassant, en arrière, les hanches antérieures...   2.

— Métasternum presque aussi long que le prosternum ; saillie
prosternale abrupte entre les hanches antérieures. Pronotum tronqué au bord antérieur ; angles postérieurs arrondis ou très ouverts. Élytres sans stries de points (1). Ongles
simples ....   12.

2. Face inférieure des tibias sans ligne longitudinale contre le
bord interne. Métasternum extrêmement court entre les
hanches postérieure et intermédiaire. Saillie prosternale
tombante en arrière et fermant les cavités cotyloïdes des
hanches antérieures. Épipleures appliqués verticalement
contre les élytres ; leur bord supérieur effacé près de
l'angle sutural (2). 2e article des tarses au moins aussi large
que le 3e... 15. **Timarcha.**

— Face inférieure des tibias pourvue d'une ligne longitudinale
contre le bord interne. Métasternum de longueur normale.
2e article des tarses plus étroit que le 3e (3).............   3.

3. Saillie prosternale horizontale ; cavités cotyloïdes des hanches
antérieures ouvertes en arrière.............................   4.

— Saillie prosternale tombante en arrière ; cavités cotyloïdes
des hanches antérieures fermées....... * **Entomoscelis** (4).

---

(1) Chez les femelles pleines, l'abdomen gonflé d'œufs dépasse souvent de
beaucoup les élytres.

(2) Chaque élytre se termine par une petite saillie anguleuse, correspondant
à une profonde rainure longitudinale du pygidium.

(3) Sauf chez *Prasocuris phellandrii* L.

(4) Chevrolat, 1841, *in* Ch. d'Orbigny, Dict. d'Hist. nat., V, p. 335. —
L'unique espèce française, *E. adonidis* Pall., est ornée, en dessus, de bandes
noires sur fond rouge.

4. Angles postérieurs du pronotum prolongés en arrière contre l'épaule et souvent découpés intérieurement. Pronotum et élytres bombés séparément.................... * **Cyrtonus** (1).

— Angles postérieurs du pronotum non prolongés en arrière...   5.

5. Corbeilles tarsales des tibias sans talon saillant............   6.

— Corbeilles tarsales des tibias intermédiaires et postérieurs surmontées d'un talon aigu, saillant en dehors. Ongles dentés en dessous. Coloration non métallique.   17. **Gonioctena.**

6. Épipleures ciliés en dedans, vers leur extrémité (2)....... .... 16. **Chrysomela.**

— Épipleures non ciliés.................................   7.

7. Élytres striés-ponctués, au moins en partie.............   8.

— Élytres sans stries de points.........................   11.

8. Ongles pourvus, en dessous, d'une dent aiguë. Forme assez allongée............................ 18. **Phyllodecta.**

— Ongles simples.....................................   9.

9. Pronotum transversal, sans rebord à la base. Points des 8 premières stries élytrales serrés, ceux de la 9ᵉ plus espacés ou écartés...................................   10.

— Pronotum aussi long que large, rebordé à la base (3). Points des 9 stries élytrales uniformément serrés. Forme longue et déprimée.................... 19. **Prasocuris.**

10. Pronotum non trapézoïdal. Forme oblongue.   20. **Hydrothassa.**

— Pronotum trapézoïdal. Forme ovoïde ou globuleuse. Élytres sans bordure rouge.................. 21. **Phaedon.**

11. Pronotum quatre fois aussi large que long. Épipleures invisibles par côté et renfoncés en dessous. Épisternes méta-

---

(1) Fairmaire, 1851, *in* Ann. Soc. ent. Fr., 1850, p. 535. — Latreille, auteur du nom de *Cyrtonus*, ne séparait pas des *Chrysomela* les Insectes de ce groupe.

Les *Cyrtonus* sont propres aux montagnes et presque tous confinés dans la région ibérique et pyrénéenne.

(2) La brièveté des cils et leur mode d'insertion les rendent souvent assez difficiles à observer.

(3) Le rebord antérieur du pronotum est effacé dans son milieu chez les *Prasocuris*, tandis que chez les *Hydrothassa* et presque tous les *Phaedon*, il s'étend sans interruption d'un angle à l'autre

thoraciques bordés d'une ligne en forme de crosse. 2 1/2—
4 1/2 mill...................................... 22. **Plagiodera.**

— Pronotum deux ou trois fois aussi large que long. Épipleures
en partie visibles par côté. Épisternes métathoraciques
limités en avant par une plaque transversale quadrangulaire. 5—12 mill........................ 23. **Melasoma.**

12. Épipleures très rétrécis à la hauteur des premiers segments
ventraux. Élytres (métalliques) rebordés à la base, au
moins sur leur moitié externe. Pronotum à base rebordée.................................... 24. **Gastroïdea.**

— Épipleures assez larges, graduellement diminués de la base
à l'extrémité. Élytres (non métalliques) sans rebord à la
base.............................. 25. **Colaspidema** (1).

15. Gen. **Timarcha** Stephens, 1831.

Syn. *Chrysomela* (subgen. *Timarcha*) **Latr.**, 1829. — *Metallotimarcha,*
Timarchostoma Motsch., 1860.

Revision : Fairmaire, *in* Ann. Soc. ent. Fr., 1873, p. 143. — S. de
Marseul, *in* L'Abeille, XXI (1e partie), p. 27. — Weise, Naturg., VI,
p. 314 (1882). — *Mœurs et métam. :* Westwood, Introd. Class. Ins., I,
p. 388, fig. 48. — S. de Marseul, loc. cit., p. 30. — Rosenhauer, *in*
Stettin. ent. Zeit., 1882, p. 163. — Buddeberg, *in* Jahrb. Nassau. Ver.
für Nat., XXXVIII, p. 101.

Insectes aptères, lourds, le plus souvent noirs ou bleuâtres, possédant
tous la faculté d'émettre par la bouche, quand on les saisit, une grosse
goutte d'un liquide rouge (2). La plupart des espèces sont méditerranéennes.

Chez les mâles, les 3 premiers articles des tarses sont complètement
garnis de brosses en dessous ; ils sont dilatés et ceux des pattes antérieures constituent même une large palette. Chez les femelles de presque
toutes les espèces, la face inférieure des tarses présente, au contraire, une

(1) Le genre *Colaphus* Redt., dont une espèce (*C. viennensis* Schrank) s'étend
jusqu'aux provinces rhénanes, diffère uniquement du genre *Colaspidema* par les
angles du pronotum dépourvus de pore sétigère et par la coloration métallique
du pronotum et des élytres.

(2) Cette particularité leur a fait donner le nom vulgaire de *crache-sang.*

ligne très lisse ou une bande dénudée qui traverse au moins une partie des articles.

Les larves des *Timarcha* se reconnaissent à leur coloration métallique. Elles vivent sur diverses espèces de *Galium*.

ESPÈCES.

1. Prothorax bordé d'une ligne latérale. Antennes et pattes entièrement d'un bleu noir ou violacé.....................   2.

— Prothorax immarginé latéralement. Insecte bronzé; antennes et pattes bronzées ou ferrugineuses. Onychium garni, en dessous, de quelques soies fines; ongles courts et rapprochés (*Metallotimarcha* Motsch.). 5—10 mill. . * **metallica** Laich. (1).

2. Pronotum très évasé en avant, subcordiforme. Onychium garni, en dessous, d'une brosse de crins noirs couchés. Rebord du pygidium mal limité (*Timarcha s. str.*). 11— 18 mill......................................   **tenebricosa** F.

— Pronotum non évasé en avant, à bords latéraux faiblement courbés. Onychium garni, en dessous, de crins noirs relevés. Rebord du pygidium nettement circonscrit (*Timarchostoma* Motsch.).......................................   3.

3. Saillie intercoxale du mésosternum relevée en arrière et bituberculeuse. Dessus bleuté ou violet, rarement noir. — ♀. Face inférieure du 3e art. des tarses à ligne glabre abrégée en avant. 8—13 mill...........   2. **gœttingensis** L. (2).

— Saillie intercoxale du mésosternum aplatie. Dessus noir. — ♀. Face inférieure du 3e art. des tarses à ligne glabre entière. 5—11 mill.....................   * **maritima** Perr. (3).

(1) Cette espèce est propre aux régions froides ou montagneuses; elle se trouve jusque dans le département des Ardennes : Revin (Sedillot!), et dans celui du Nord : forêt de Guines (Norguet, Cat., p. 181).

(2) Syn. *violaceo-nigra* Deg. (*certe!*), *coriaria* Laich. — Le texte du *Systema Naturae* (ed. 10) et l'un des *types* de la collection linnéenne de Londres prouvent bien que le *Chrysomela gœttingensis* Linné, décrit en 1758 avec la mention « *Germania* (Forskäl) », était un *Timarcha*. — En 1761, dans le *Fauna suecica*, le texte de Linné a été modifié et dénaturé complètement.

(3) Particulier au littoral de l'Océan et spécial au *Galium arenarium* Ls. — remonte jusque dans le Finistère.

16. Gen. **Chrysomela** Linné, 1758.

Syn. *(ad partem)* *Chrysochloa* Hope, 1840. — *Orina* Motsch., 1860 (1).

Monogr. : Suffrian, *in* Linnaea entom., V (1851), p. 1. — Weise, Naturg., VI, p. 339-488 (1882-84) ; — S. de Marseul, *in* L'Abeille, XXIV, Chrysom., p. 1-190 (sep., p. 109-298). — *Mœurs et métam.* (cf. Ruperts-berger, Biol. Käf. Eur., p. 251) ; — *add.* : Rosenhauer, *in* Stettin. ent. Zeit., 1882, p. 151-160 ; — Buddeberg, *in* Jahrb. Nassau. Ver. für Naturk., XXXVII (1884), p. 93 ; XLI (1888), sep., p. 10 ; — Rey, *in* Ann. Soc. linn. Lyon, XXXIII (1887), p. 238 ; id., sep., p. 108 (2).

Genre difficile, dont les nombreuses espèces passent par les colorations les plus variées et revêtent souvent les teintes métalliques les plus brillantes.

Les *Chrysomela* recherchent surtout les plantes herbacées et ne se montrent guère que par les temps humides. A l'état de larves, un certain nombre d'entre eux vivent sur des Labiées (*Mentha, Galeopsis,* etc.), d'autres sont propres aux *Hypericum,* à des Composées (*Centaurea, Artemisia,* etc.), aux *Linaria,* aux *Plantago,* etc. (3).

Les différences sexuelles sont peu sensibles et consistent en de légères modifications du dernier segment ventral. Les mâles de quelques espèces se font seuls remarquer par leurs tarses antérieurs à 3 premiers articles élargis et leurs palpes maxillaires à dernier article dilaté. Les femelles sont ordinairement plus amples et quelquefois bien plus ternes que les mâles.

ESPÈCES (4).

1. Pronotum relevé de chaque côté en un large bourrelet très

(1) *Cf.* Bedel, *in* L'Abeille, XXVII, p. 156. — Pour l'étude de ce groupe, voir Fauvel, *in* Rev. d'Ent., IV, p. 271 (1885).

(2) Perroud (Ann. Soc. linn. Lyon, 1855, p. 402) et L. Bleuse (Petites Nouv. entom., I, p. 435) ont constaté l'ovoviviparité d'une espèce subalpine du groupe des *Chrysochloa* (*C. venusta* Suffr. = *gloriosa* Fabr.).

(3) On ne sait rien de précis sur les mœurs des *C. limbata* F., *C. cerealis* L. et *C. gœttingensis* ± Gyll., dont Rosenhauer (loc. cit.) a décrit les larves sur des exemplaires élevés en captivité et nourris artificiellement.

(4) Beaucoup d'espèces portent ordinairement un point ombiliqué (sétigère) dans chaque angle du pronotum ; mais ce caractère subit des exceptions individuelles qui le rendent tout à fait accessoire.

net, à bord interne lisse, entier, et relié au bord antérieur (*Hoplosoma* Motsch.). Élytres fortement striés-ponctués... 2.

— Pronotum sans bourrelets latéraux ou à bourrelets ponctués intérieurement ; rebord antérieur isolé............... 3.

2. Pronotum poli, trapézoïdal, à angles antérieurs et postérieurs aigus. Antennes foncées, à base claire. Dessus ordinairement d'un bronzé brillant ou d'un bleu d'acier.........
.... 13. **bulgarensis** Schrk. (1).

— Pronotum alutacé, non trapézoïdal, à angles émoussés. Dessus mordoré..................... 12. **rufo-aenea** Suffr.

3. Élytres ponctués sans ordre ou par séries striales libres en arrière.. 4.

— Élytres à séries striales 2 et 3 reliées postérieurement aux séries 8 et 9. Antennes, épipleures, partie du sternum et des pattes roussâtres ; dessus très brillant, métallique, orné de bandes pourprées entre les séries géminées des élytres..................... * **americana** L. (2).

4. Dessous du corps, pattes et antennes entièrement roux. Côtés du pronotum relevés en bourrelet très net. Dernier article des palpes maxillaires sécuriforme................... 5.

— Dessous du corps noir, bleu, violet ou métallique........ 6.

5. Dessus bronzé. Élytres à points gros, subfovéiformes, espacés ; suture enfoncée le long du rebord postérieur. Disque du pronotum à ponctuation fine ou effacée. Forme très ample (*Stichosoma* Motsch.)................... 2. **Banksi** F.

— Dessus mordoré ou roussâtre. Élytres à points assez fins, rapprochés ; suture sans enfoncement le long du rebord postérieur. Disque du pronotum assez densément ponctué (*Chrysolina* Motsch.)..................... 3. **staphylea** L.

6. Élytres ponctués sans ordre ou par séries longitudinales géminées.. 7.

— Élytres à séries de points régulières, presque équidistantes ;

(1) Syn. *olivacea* Schall. (1783), *lamina* Fabr. (1792), *orichalca* ‡ Weise.

(2) Syn. *nitidula* Geoffr. (1785). — Espèce méditerranéenne propre à quelques Labiées des terrains arides (*Rosmarinus officinalis, Lavandula vera*). — Elle est citée des environs de Rouen (Mocquerys, Cat., p. 155) et de Lille (Norguet, Cat., p. 182), peut-être par confusion avec *C. cerealis*.

intervalles à peine pointillés (*Taeniosticha* Motsch.). Pronotum noir bronzé, à impressions postérieures en sillon profond. Élytres roux ; liséré sutural et bord interne des épipleures noirâtres...................... **14. lurida** L.

7. Élytres avec une large bande latérale complètement lisse ; bords latéraux et épipleures rouges (*Stichoptera* Motsch.). **8.**

— Élytres ponctués jusque sur les côtés................... **10.**

8. Bande latérale rouge des élytres (vue par côté) crénelée, à son bord supérieur, par les points noirs et mal alignés de l'avant-dernière série. Forme ample. Pronotum brillant, à disque presque lisse. Dessus bleuté... **6. gypsophilae** Küst.

— Bande latérale rouge des élytres régulièrement limitée à son bord supérieur. Forme ovalaire....................... **9.**

9. Bande latérale rouge des élytres limitée par la dernière série de points des côtés. Pronotum peu brillant, à disque assez ponctué. Ponctuation des élytres grossière. Dessus ordinairement noir, sans reflet bleu....... **7. sanguinolenta** L.

— Bande latérale rouge des élytres limitée par l'avant-dernière série de points des côtés. Pronotum très brillant, à disque presque lisse. Ponctuation des élytres moins grossière. Dessus bleuté (1).................... **8. marginalis** Duft.

10. Pronotum trapézoïdal (*Colaphodes* Motsch.).............. **11.**

— Pronotum nullement trapézoïdal...................... **12.**

11. Tête et pronotum mats, à fond alutacé. Pronotum avec une impression de chaque côté, à la base...... **4. fuliginosa** Ol.

— Tête et pronotum à fond brillant. Pronotum sans impressions................................ **5. haemoptera** L.

12. Élytres entièrement bordés de rouge, même à la base. Dessus presque mat. 2e art. des antennes un peu plus court que le 3e.................................. **9. limbata** F.

— Élytres sans bande rouge entre l'épaule et la suture. 2e art. des antennes presque moitié moins long que le 3e....... **13.**

13. Élytres avec des séries longitudinales formées de gros points et disposées par paires (2)....................... **14.**

(1) Se distingue en outre des *C. sanguinolenta* et *C. gypsophilae* par les côtés du métasternum à rebord latéral nul ou mal indiqué.

(2) Ces séries sont tantôt très apparentes, tantôt mêlées à la ponctuation générale ; il faut alors, pour les reconnaître, examiner les élytres par côté.

— Élytres sans séries longitudinales géminées............... 20.

14. Labre tronqué en avant. Épipleures et bords latéraux des
     élytres souvent rouges (*Chalcoidea* Motsch.)............. 15.

— Labre profondément échancré ou presque bilobé en avant.
     Épipleures et côtés des élytres toujours concolores; séries
     géminées des élytres très apparentes. Pattes courtes (1).. 17.

15. Séries géminées des élytres emmêlées dans la ponctuation
     générale. Dessus noir ou bleu foncé. Épipleures et côtés
     des élytres tantôt rouges, tantôt concolores............ 16.

— Séries géminées des élytres très apparentes; ponctuation des
     intervalles fine. Dessus ordinairement bronzé (assez lui-
     sant ♂, presque mat ♀). Épipleures et côtés des élytres
     constamment rouges........ .... **11. marginata** L.

16. Côtés du métasternum nettement rebordés le long des épi-
     sternes. Angles antérieurs du pronotum obtusément sail-
     lants. Forme assez courte, surface terne, ponctuation mé-
     diocrement forte.............................. **10. carnifex** F.

— Côtés du métasternum à rebord externe effacé. Angles anté-
     rieurs du pronotum très saillants, aigus. Forme oblongue,
     surface assez luisante, ponctuation forte...............
     .... **10** *bis*. **interstincta** Suffr.

17. Points des séries géminées espacés et peu nombreux (de 15
     à 20 par série)..................................... 18.

— Points des séries géminées serrés et nombreux (plus de 30
     par série).. 19.

18. Pronotum presque lisse sur le disque; sillon des impressions
     postérieures assez profond. Points des séries géminées
     assez profonds, auréolés ou enfumés. Dessus ordinairement
     bronzé, parfois noir.............. **15. hyperici** Forst. (2).

— Pronotum ponctué sur toute son étendue; sillon des impres-

(1) Les espèces de ce groupe sont les seules, avec *C. varians*, qui vivent sur
des *Hypericum*.

(2) Dans la variété méridionale *gemellata* Rossi, 1792 (*quadrigemina* Suffr.),
les sillons du pronotum sont larges, profonds, brusquement arrêtés (et non
atténués) en avant et précédés d'une faible dépression ponctuée; le disque du
pronotum est nettement pointillé; la coloration varie du bronzé clair au bleu et
au violet.

sions postérieures peu profond. Points des séries géminées
médiocres, concolores. Dessus ordinairement d'un bleu
métallique clair ou verdâtre.......... 16. **didymata** Scriba.

19. Dessus alutacé, terne, presque toujours d'un bleu violet foncé.
Antennes foncées dès la base....... 17. **geminata** Payk. (1).

— Dessus non alutacé, brillant, ordinairement cuivré ou vert
doré. Base des antennes rousse.... 18. **brunsvicensis** Grav.

20. Palpes et tarses roux. Élytres presque sans traces de rebord
sutural en arrière. Insecte large et trapu ; dessus ordinairement violet (*Colaphosoma* Motsch.). — ♂. Tarses antérieurs à art. 1-3 très élargis ; tarses postérieurs à 1er article
plus large que le 3e.......... 1. **diversipes**, *nom. nov.* (2).

— Palpes et tarses foncés ou métalliques. Élytres pourvus, en
arrière, d'un rebord sutural distinct.................. 21.

21. Forme globuleuse. Pronotum sans rebord à la base. Élytres
à ponctuation serrée. Pattes courtes ; dos des tibias creusé.
Coloration très variable, métallique ou non. 19. **varians** Schall.

— Forme oblongue. Pronotum à base finement rebordée, au
moins devant l'écusson. Pattes assez longues............ 22.

22. Extrémité de l'onychium normale, c'est-à-dire sans pointes
au-dessous des ongles. 6—11 mill.................... 23.

— Extrémité de l'onychium prolongée, sous chaque ongle, en
une saillie aiguë. Dessus vert et bleu, vert et doré ou
rouge feu. Antennes à 4 1ers articles roux. 25. **fastuosa** Scop.

23. Élytres de couleur métallique ou foncée. Tibias postérieurs à
dos convexe.................................... 24.

— Élytres roux ou mordorés. Tibias postérieurs à dos aplati
ou légèrement creusé. Côtés du pronotum en bourrelet...
.... 20. **polita** L.

24. Pronotum sans bourrelet bien déterminé, le long des côtés.. 25.

— Pronotum relevé, tout le long des côtés, en un large bourrelet très net (*Chrysochloa* Hope). Élytres à ponctuation

(1) Syn. *lepida* Ol., 1807 (*nec* Suffrian).
Le *C. Gastonis* Fairm. (*lepida* ‡ Suffr.) est une espèce méditerranéenne à
pronotum trapézoïdal.

(2) Syn. *gœttingensis* ‡ Gyll. (*nec* Linné, 1758).

régulière et serrée. Dessus de couleur très variable (bleu,
noir ou métallique). Antennes à 2 ou 3 premiers articles
roussâtres en dessous................. 26. **caerulea** Ol. (1).

25. Pronotum avec une ou deux impressions, de chaque côté.
Flancs du prosternum alutacés, dépolis (*Chrysomorpha*
Motsch.). Dessous violet; dessus tantôt orné de bandes
longitudinales bleues et rouges, tantôt unicolore et de teinte
très variable......................... 21. **cerealis** L.

— Pronotum sans impressions vers les côtés. Flancs du prosternum très brillants (*Chrysomela s. str.*). Dessous et
dessus du corps de teinte analogue .... 26.

26. Antennes à premiers articles presque entièrement métalliques, même en dessous. Pronotum subdéprimé, presque
élargi en arrière......................... 27.

— Antennes à 2 ou 3 premiers articles largement roux, au
moins en dessous. Pronotum subconvexe, presque rétréci
en arrière........................ 22. **graminis** L.

27. Tarses, suture des élytres et ordinairement l'insecte entier
verts ou dorés.................. 23. **menthastri** Suffr.

— Tarses, suture des élytres et ordinairement l'insecte en tota-
lité ou en majeure partie d'un bleu violet. 24. **caerulans** Scriba.

17. Gen. **Goniocfena** Redtenbacher, 1845.

Syn. *Goniomena, Spartophila* Motsch., 1860. — *Phytodecta* Weise, 1882.
— *Chrysomela* (subgen. *Phytodecta*) Kirby, 1837. — *Chrysomela*
(subgen. *Goniocfena*) Steph., 1839.

Revision : Weise, Naturg., VI, p. 488 (1884). — S. de Marseul, *in*
L'Abeille, XXV, p. 29 (Chrysom., p. 327). — Dubois, *in* L'Échange,
1887, n° 25. — *Métam.* (*cf.* Rupertsberger, Biol. Käf. Eur., p. 253). —
S. de Marseul, loc. cit., p. 32 (p. 330).

(1) Encycl. méth., V, p. 718 (1790). — Syn. *tristis* Fabr., 1792, *luctuosa* Ol.,
1807. — Cette espèce est la seule du groupe des *Chrysochloa* Hope (*Orina*
Motsch.) qui se trouve réellement dans la région parisienne ; les autres sont
exclusivement propres à la zone subalpine. — Rouget cite, d'après un manuscrit
d'Emy, le *C. gloriosa* Fabr. de Rouvray (Côte-d'Or) et J. Bourgeois a signalé
une capture de *C. cacaliae* Schrank à Granville (Manche), mais ces deux renseignements sont douteux à plus d'un titre.

Le nom de *caerulea* ∥ Ol., 1807, faisant double emploi dans le genre *Chrysomela*, sera remplacé par celui d'*Olivieri* (Bed.), 1892.

Parmi les espèces de ce genre, quelques-unes ont un grand habitat, d'autres sont spéciales aux régions froides ou montagneuses; la plupart se font remarquer par la variabilité individuelle des couleurs ou des dessins. Elles vivent sur les feuilles de divers arbrisseaux (Salicinées, Génistées, *Sorbus*).

Les mâles ont le 1er article des tarses dilaté; chez certaines espèces, notamment *G. olivacea* Forst., le dernier article de leurs palpes maxillaires est sécuriforme.

ESPÈCES (1).

1. Séries striales des élytres fines et régulières; intervalles densément ponctués (*Gonioctena* s. str.). Tibias antérieurs avec un talon, comme ceux des deux autres paires. Long. 5 1/2— 7 mill.. 2.

— Séries striales des élytres grossières, les intermédiaires emmêlées en arrière; intervalles lisses ou marqués d'une seule série de points très espacés........................ 3.

2. Pattes noires (sauf parfois les tibias antérieurs). Antennes à derniers articles noirs. Base du pronotum ordinairement ornée d'une bande transversale noire. Extrémité des élytres teintée de noir à l'angle sutural............. **1. viminalis** L.

— Pattes entièrement rouges. Antennes à derniers articles simplement rembrunis. Base du pronotum avec une tache noire bilobée ou trilobée. Extrémité des élytres entièrement rousse................................... **2. rufipes** Deg.

3. Tibias antérieurs avec un talon, comme ceux des deux autres paires (*Spartophila* Motsch.). Corps ovalaire, assez convexe. Élytres unicolores ou à bandes longitudinales de teintes variables. 3 1/2—5 mill................... **3. olivacea** Forst.

— Tibias antérieurs dépourvus de talon (*Goniomena* Motsch.). Rebord *interne* des épipleures effacé sur leur moitié postérieure. Corps suballongé, subdéprimé. Élytres avec ou sans taches noires. 5 1/2—6 1/2 mill. 3 bis. **quinquepunctata** F. (2).

---

(1) M. de Vuillefroy m'a communiqué récemment deux exemplaires de *G. nivosa* var. *bicolor* Heyd., trouvés par lui à Thury (Oise), mais sans doute apportés des Vosges avec des bois de construction.

(2) Une espèce très voisine, *G. pallida* L., s'en distingue par le rebord *interne* des épipleures entier, par son corps convexe et assez large, etc.

18. Gen. **Phyllodecta** Kirby, 1837.

Syn. *Phratora* Redt., 1845. — *Phaedon* (subgen. *Phratora*) Steph.,
1839.

Revision : Weise, Naturg., VI, p. 511 (1884). — S. de Marseul, *in*
L'Abeille, XXVI, p. 114 (Chrysom., p. 412). — *Métam. et mœurs*
(*cf.* Rupertsberger, Biol. Käf. Eur., p. 254).

Insectes oblongs, métalliques, propres aux contrées froides ou tempérées de l'hémisphère boréal. Leurs larves vivent par groupes sous
les feuilles des Salicinées (*Salix, Populus*) ; la nymphose a lieu dans le
sol.

Les mâles ont le 1er article des tarses plus ou moins dilaté.

ESPÈCES.

[Long. 4—6 mill.]

1. Base du pronotum pourvue d'un rebord extrêmement fin.
   Articles 4-6 des antennes garnis de longs poils *en dessous*
   (*Chaetocera* Weise). Dessus bleu d'acier..   1. **vulgatissima L.**

— Base du pronotum sans rebord. Articles 4-6 des antennes
  pourvus seulement de soies terminales (*Phyllodecta s. str.*). 2 (1).

2. Épistome plan. Front sans impression. Côtés du pronotum
   nullement sinués. Antennes relativement courtes. Dessus
   verdâtre ou doré......................... 3. **vitellinae L.**

— Épistome brusquement rabattu en avant. Front ordinairement
  impressionné. Côtés du pronotum subsinués. Antennes
  longues. Dessus bleu d'acier.......... 2. **laticollis Suffr. (2).**

19. Gen. **Prasocuris** Latreille, 1802.

Syn. *Helodes* || Payk., 1799.

Revision : Weise, Naturg., VI, p. 529 (1884). — *Métam.* (*cf.* Rupertsberger, Biol. Käf. Eur., p. 255).

Les Insectes de ce genre sont les plus allongés de tous les *Chrysome-*

(1) On trouve dans le département des Vosges le *P. viennensis* Schrank
(*tibialis* Suffr.), caractérisé par ses ongles à dent très petite et ses tibias ordinairement en majeure partie roux.

(2) Espèce propre aux *Populus*.

lidae européens. Ils se trouvent dans les marécages ; le *P. phellandrii* L.
se développe dans les tiges de quelques Ombellifères aquatiques, et le
P. junci Brahm., dans celles de *Veronica Beccabunga*.

ESPÈCES FRANÇAISES.

Pattes bicolores (fémurs et tibias en partie jaunes). Pronotum et
  élytres largement bordés de jaune ; 2e et 4e interstries portant
  une bande jaune reliée postérieurement à la bande latérale.
  7e art. des antennes fortement avancé au-dessus du suivant.
  3e art. des tarses de même largeur que le 2e, à lobes étroits,
  presque aigus. 3—6 mill.................. **1. phellandrii** L.

Pattes, pronotum et élytres entièrement d'un bleu d'acier ou noirâtre. 7e art. des antennes normal. 3e art. des tarses un peu
  plus large que le 2e, à lobes assez larges. 4—5 mill. **2. junci** Brahm.

20. Gen. Hydrothassa Thomson, 1859.

Revision : Weise, Naturg., VI, p. 523 (1884). — *Métam. (cf.* Rupertsberger, Biol. Käf. Eur., p. 255).

Genre très voisin du précédent et composé seulement de quelques
espèces qui vivent exclusivement, au bord des eaux, sur des Ranuncu-
lacées.

ESPÈCES FRANÇAISES.

Tête presque horizontale, dégagée du prothorax et visible de
  haut (*Hydrothassa s. str.*). Pronotum et élytres bordés de rouge
  sur les côtés. 3 1/2—4 1/2 mill.......... **1. marginella** L. (1).

Tête verticale, enfoncée dans le prothorax jusqu'à la moitié des
  yeux et non visible de haut (*Eremosis* Des Goz.). Pronotum
  fortement transversal, densément ponctué, sans bordure latérale rouge. Élytres ordinairement bordés de rouge sur les
  côtés. 3—4 mill............................. **2. aucta** Fabr.

(1) Une espèce voisine, *H. hannoverana* Fabr. (1775), se trouve en Belgique,
en Angleterre, etc. Elle se distingue de *H. marginella* par son prothorax fortement transversal, ses élytres à côtés curvilignes, à stries de points gros et
profonds, et ordinairement aussi par la présence, sur le 3e interstrie, d'une
bande rougeâtre, souvent prolongée, par les 4e et 5e interstries, jusqu'à la base
de l'élytre.

21. Gen. **Phaedon** Stephens, 1831.

Syn. *Chrysomela* (subgen. *Phaedon*) Latr., 1829. — *Emmetrus* Motsch., 1860.

Revision : Weise, Naturg., VI, p. 538 (1884). — S. de Marseul, *in* L'Abeille, XXV, p. 83 (Chrysom., p. 381). — *Mœurs et métam.* (*cf.* Rupertsberger, Biol. Käf. Eur., p. 254); — *add. :* Rosenhauer, *in* Stettin. ent. Zeit., 1882, p. 161.

Petits Insectes de forme ovoïde ou globuleuse et de teintes métalliques, qui vivent, au bord des eaux, sur des plantes très diverses (*Sisymbrium, Veronica, Ranunculus*).

Espèces françaises.
[Long. 2 1/2—4 mill.]

1. Élytres à rebord marginal (1) tracé en avant, mais complètement effacé sur les deux tiers postérieurs ; suture sans rebord en arrière. Métasternum sans plaques latérales lisses ni lignes fémorales. Insecte globuleux, ordinairement bronzé, parfois verdâtre...................... **1. pyritosus** Rossi.

— Élytres à rebord marginal complet, relié postérieurement au rebord sutural. Métasternum pourvu, de chaque côté, d'une grande plaque lisse et d'une ligne fémorale transversale ou oblique .... **2.**

2. Pronotum à rebord antérieur régulier, très étroit ; disque ponctué .... **3.**

— Pronotum à rebord antérieur élargi dans son milieu et formant, derrière chaque œil, un angle ouvert ; disque presque lisse...................................... **2. tumidulus** Germ.

3. Diamètre des 7e et 8e interstries réunis égal à l'espace compris entre la 8e strie et le bord marginal des élytres. 3—4 mill... **4.**

— Diamètre des 7e et 8e interstries réunis moins grand que l'espace compris entre la 8e strie et le bord marginal. Insecte arrondi, très régulièrement convexe, bronzé ou légèrement cuivré. Articulations des genoux roussâtres. 2 1/2— 3 mill...................................... *** laevigatus** Duft.

____

(1) Le rebord marginal forme la limite externe des épipleures.

4. Articles 1-2 des antennes entièrement d'un noir bronzé, *même*
en dessous... 5.

— Articles 1-2 des antennes teintés ou tachés de roux, *au moins
en dessous.* Élytres sans bosse humérale et sans impression
à la naissance de la 5e strie. Dessus ordinairement bleu ou
verdâtre.. 5. **cochleariae** F.

5. Élytres à bosse humérale et impression intra-humérale sensibles. Insecte ovoïde. Dessus bleu d'acier ou noirâtre. Dernier segment ventral bordé de roux..................... 6.

— Élytres sans bosse humérale. Insecte très convexe, arrondi en
arrière. Dessus vert bleuâtre ou doré... 4. **concinnus** Steph.

6. Pronotum à rebords latéraux tous deux visibles de haut.
Forme plus large et médiocrement convexe (1)...........
.... 3. **veronicae** *nom. nov.* (2).

— Pronotum à rebords latéraux non visibles de haut. Forme
moins large et plus convexe...•........ * **salicinus** Heer (3).

22. Gen. **Plagiodera** Redtenbacher, 1845.

Syn. *Phaedon* (subgen. *Plagiodera*) Steph., 1839.

Mœurs et métam. (*cf.* Rupertsberger, Biol. Käf. Eur., p. 254).

L'unique espèce européenne est répandue dans toute la région paléarctique ; elle se développe sur les feuilles de diverses Salicinées.

P. versicolora Laich., 1781. — Subarrondi, assez convexe (4).
Dessus ordinairement bleu métallique, bleu verdâtre ou violet, parfois
bronzé doré ; dessous noirâtre. Antennes courtes, à 5 premiers articles
plus ou moins ferrugineux. Pronotum très court, à ponctuation fine,
assez inégale. Élytres assez amples, à ponctuation forte et serrée ; bosse
intra-humérale et bande marginale lisses. — Long. 2 1/2—4 1/2 mill.

(1) Chez cette espèce et la suivante, la ligne de démarcation entre l'épistome
et le front n'est pas effacée au milieu comme chez le *P. cochleariae.*

(2) Les auteurs appliquent à ce *Phaedon* tantôt le nom de *betulae* L., tantôt
celui d'*armoraciae* L., mais comme les descriptions de ces deux insectes (Syst.
Nat., éd. 10, I, p. 369) resteront toujours à l'état d'énigmes, il est préférable de
désigner l'espèce sous un nom nouveau.

(3) Commun dans les Alpes et les Pyrénées ; paraît propre aux montagnes.

(4) La forme de l'insecte rappelle complètement celle de divers *Coccinella.*

(1892) 11

23. Gen. **Melasoma** Stephens, 1831.

Syn. *Lina* Redt., 1845 ; — (*ad partem*) *Linaeïdea* Motsch., 1860. —
Macrolina Motsch., 1860.

Revision : Weise, Naturg., VI, p. 551 (1884). — Dubois, *in* L'Échange,
1886 (II), n° 15. — *Mœurs et métam. (cf.* Rupertsberger, Biol. Käf. Eur.,
p. 252).

Les *Melasoma* sont presque tous répartis entre la région paléarctique
et l'Amérique boréale ; ils recherchent les pays humides et froids, et
vivent sur les jeunes arbres du groupe des Salicinées (*Salix, Populus*)
et des Bétulinées (*Alnus*). Larves et insectes parfaits se trouvent souvent ensemble sur les feuilles, dont ils rongent le parenchyme et qu'ils
arrivent à réduire en dentelle. La nymphe se tient, suspendue par
l'extrémité de l'abdomen, à la face inférieure des feuilles.

Espèces françaises.

1. Pronotum sans bourrelets latéraux. Métasternum nettement
    rebordé entre les hanches intermédiaires (*Linaeïdea* Motsch.).
    Dessus vert doré, cuivré, bleu, violet ou noirâtre. 6 1/2—
    8 1/2 mill., ... 1. **haemorrhoïdale** L. (1).

— Pronotum avec des impressions déterminant de chaque côté
    un bourrelet latéral. Métasternum sans rebord dans la partie
    comprise entre les hanches intermédiaires.............. 2.

2. Dos des tibias creusé en gouttière profonde sur toute sa lon-
    gueur (*Melasoma s. str.*)................................ 3.

— Dos des tibias creusé sur sa deuxième moitié seulement (*Ma-
    crolina* Motsch.). Pronotum à côtés jaune paille. Élytres
    jaune paille, ornés d'une bordure suturale et d'une dizaine
    de taches d'un noir bronzé. 6 1/2—8 1/2 mill...........
    .... * **vigintipunctata** Scop. (2).

3. Pronotum entièrement métallique........................ 4.

— Pronotum à côtés testacés, souvent ornés d'un point noir.

(1) Syn. *aeneum* L. — Cette espèce doit son nom de *haemorrhoïdale* à la
coloration du pygidium : « *ano supra rubro* » (Linné, Syst. Nat., ed. 10,
p. 369).

(2) Un exemplaire de cette espèce a été recueilli à Compertrix (Marne), dans
une île de la Marne (coll. Lajoye) ; il est à croire qu'il provenait d'Alsace.

Pattes ordinairement rouges et noires. Élytres unicolores
(violacés, bleutés ou bronzés). 5 1/2—7 1/2 mill.. **2. collare** L.

4. Antennes à articles 1-6 tous d'un noir bronzé. Élytres rouges. 5.

— Antennes à articles 1-6 roux ou en partie roussâtres. Élytres
métalliques, avec ou sans dessins clairs (1).............. 7.

5. Élytres avec une double série de points le long du rebord
marginal; angle sutural sans tache noire. 7—10 mill...... 6.

— Élytres avec une seule série de points le long du rebord marginal; angle sutural taché de noir. 10—12 mill... **4. populi** L.

6. Extrémité de l'onychium s'avançant, sous chaque ongle, en
une saillie aiguë...................... **3. tremulae** L.

— Extrémité de l'onychium sans pointes au-dessous des ongles.
.... 3 *bis*. **saliceti** Weise.

7. Pronotum avec un sillon fin sur sa ligne médiane. Élytres et
épipleures entièrement métalliques, ordinairement bronzés
ou cuivrés. 7—10 mill.................. * **cupreum** F.

— Pronotum sans sillon médian. Taches ou dessins des élytres et
épipleures fauves (2). 5—8 mill....... * **lapponicum** L. (3).

24. gen. Gastroïdea Hope, 1840.

Syn. [*Gastroeidea* Hope, 1840]. — *Gastrophysa* Redt., 1845. — *Phaedon*
(subgen. *Gastrophysa*) Steph., 1839.

Synopsis : S. de Marseul, *in* L'Abeille, XXV, p. 12 (sep., p. 370). —
Métam. (*cf.* Rupertsberger, Biol. Käf. Eur., p. 254). — *Mœurs :* Osborne,
in Ent. Monthly Mag., XVII, p. 49 (1880).

Petit genre répandu dans tout l'hémisphère boréal et représenté en
Europe par quatre espèces seulement. Les deux nôtres vivent sur des
Polygonées (*Rumex, Polygonum*) et sont fort communes.

Les femelles pleines ont souvent l'abdomen tellement distendu qu'il
dépasse de beaucoup l'extrémité des élytres.

(1) S. de Marseul a signalé, sous le nom d'*unicolor*, une variété de *M. lapponicum* à élytres entièrement testacés.

(2) La var. *bulgarense* Fabr., qui se trouve dans les Vosges, a les élytres et les
épipleures tout bleus; elle ressemble à certains *M. haemorrhoïdale* L.

(3) Suivant Marcotte (Tabl. méth., p. 596), le *M. lapponicum* aurait été pris
jadis dans le département de la Somme par M. de Chauvenet. Cette assertion
est sans doute erronée.

[Long. 3 1/2—6 mill.]

Insecte vert, doré ou bleuâtre. Élytres à base rebordée seulement
sur la moitié externe. Sommet du front étroitement canali-
culé. Dos des tibias creusé, surtout sur ceux de la paire antérieure...................................... 1. **viridula** Deg.

Insecte à prothorax, base des antennes, dessus de l'abdomen,
extrémité du ventre et pattes rouges; dernier article des
tarses souvent noirâtre; élytres verts ou bleus, à base finement rebordée jusque près de l'écusson. Front sans canal distinct. Dos des tibias non creusé............. 2. **polygoni** L.

25. Gen. **Colaspidema** Laporte, 1833.

Syn. *Colaphus (pars)* auct.

Synopsis : Lefèvre, *in* Ann. Soc. ent. Fr., 1874, p. 328. — *Mœurs et
métam.* (*cf.* Lefèvre, loc. cit., p. 331, tab. 6, fig. 1-9 ; — Rupertsberger,
Biol. Käf. Eur., p. 254).

Le *C. atra* Ol., seule espèce française, est très nuisible aux Luzernes
dans le Midi. Sa larve vit sur diverses Légumineuses fourragères ; elle
s'enterre pour se transformer en nymphe.

Robineau-Desvoidy (1) affirme avoir trouvé deux exemplaires de cet
insecte dans le canton de St-Sauveur (Yonne).

C. atra Ol., 1790. — Ovoïde, très convexe, d'un noir profond (2),
assez luisant; articles 2-6 des antennes testacés. Tête très large, subtriangulaire. Pronotum transversal, cintré et sans rebord à la base,
fortement ponctué en dessus et portant, à chacun de ses angles, une
soie très fine. Élytres atténués en arrière, assez aigus à l'extrémité,
couverts de points serrés ou même confluents. Abdomen des femelles
susceptible de se gonfler énormément. Tibias comprimés ; onychium
long ; ongles simples. — Long. 4—5 mill.

(1) *in* Bull. Soc. des Sc. de l'Yonne, 1854 (VIII), sep., p. 34.

(2) Chez les exemplaires du nord de l'Afrique, le sommet et les côtés des élytres
sont souvent ferrugineux.

IX. Tribu **Galerucini**.

Monographies : L. de Joannis, *in* L'Abeille, III (1866) ; — Weise, Naturg., VI, p. 569 (1886).

Insectes diurnes, phyllophages, très nombreux dans les contrées humides et surtout dans les pays chauds.

Leurs téguments, peu consistants, se déforment souvent après la mort, et leurs antennes, parfois très longues, sont particulièrement fragiles.

Genres français (1).

1. Élytres à épipleures très distincts, au moins en avant....... 2.
— Élytres dépourvus d'épipleures........... 28. **Phyllobrotica.**
2. Bord externe des yeux portant de longs poils gris. Hanches antérieures séparées l'une de l'autre par une lame verticale. Forme subcylindrique. Antennes longues.. 27. **Malacosoma.**
— Bord externe des yeux glabre......................... 3.
3. Antennes à 3ᵉ article plus court que le 4ᵉ. Écusson triangulaire (lisse). Dessus glabre et brillant.................. 4.
— Antennes à 3ᵉ article égal au 4ᵉ ou plus long que lui. Écusson quadrangulaire ou en demi-cercle (souvent ponctué). Pronotum à surface inégale......................... 7.
4. Pronotum rebordé à la base. Rebord latéral des élytres tranchant .... 5.
— Pronotum sans rebord à la base, profondément bifovéolé sur le disque. Rebord latéral des élytres en ourlet assez épais......................... 30. **Sermyla.**
5. Tarses postérieurs à dernier article moins long que le premier. Tibias sans arête en dehors. Pronotum tronqué au bord antérieur. Élytres sans impression latérale. Long. 2 1/2—5 mill. 6.
— Tarses postérieurs à dernier article aussi long que le premier. Tibias pourvus, en dehors, d'une arête longitudinale glabre et bien détachée. Pronotum fortement échancré au bord antérieur. Élytres avec une impression vers le premier quart des côtés. Long. 6—7 mill.. .... 26. **Agelastica.**

(1) Joannis (loc. cit., p. 101) indique de la « France méridionale » l'*Aulacophora* (*Rhaphidopalpa*) *delata* Er. (*foveicollis* Luc.) ; ce renseignement paraît erroné.

6. Insectes ailés. Cavités cotyloïdes des hanches antérieures incomplètes en arrière...................... 29. **Lyperus.**

— Insectes aptères. Cavités cotyloïdes des hanches antérieures
fermées.............................. * **Monolepta** (1).

7. Tarses postérieurs à dernier article notablement moins long
que les deux premiers réunis........................ 8.

— Tarses postérieurs à dernier article presque aussi long que
les deux premiers réunis ; lobes du 3e étroits ; ongles longs
et grêles. Tibias postérieurs cylindriques. Cavités cotyloïdes des hanches antérieures fermées..... * **Dirrhabda** (2).

8. Bord latéral des élytres évidé le long du bord supérieur des
épipleures. .... 9.

— Bord latéral des élytres épaissi (en bourrelet) contre le bord
supérieur des épipleures. Dessus à peu près ou complètement glabre. Cavités cotyloïdes des hanches antérieures
ouvertes en arrière...................... 32. **Lochmaea.**

9. Épipleures glabres ; élytres glabres ou à poils clairsemés.
Tibias comprimés.............................. 10.

— Épipleures et élytres très visiblement pubescents. Tibias
subcylindriques. Cavités cotyloïdes des hanches antérieures
ouvertes en arrière........... .... 31. **Galerucella.**

10. Élytres de dimensions normales (bien plus longs que la poitrine). Épimères prothoraciques directement opposés l'un
à l'autre sur la ligne médiane du corps (3) et fermant
complètement les cavités cotyloïdes des hanches antérieures................................. 33. **Galeruca.**

— Élytres fortement écourtés. Épimères prothoraciques largement écartés l'un de l'autre et cavités cotyloïdes des

(1) Chevrolat, 1846. — L'unique espèce française, *M. erythrocephala* Ol., a
le faciès et la coloration rouge et bleue d'une des Altises du genre *Podagrica*
(*P. fuscicornis* L.). Elle est assez répandue dans le Midi : Gascogne, Provence, etc.

(2) Weise *in* Deut. ent. Zeitschr., XXVII, p. 316 (1883). — L'unique espèce
française, *D. elongata* Br., est allongée, jaunâtre, luisante, presque glabre et
remarquable par ses élytres tantôt plissés, tantôt carénés le long des côtés ;
elle vit sur les *Tamarix* de la zone méditerranéenne !.

(3) Comme dans le sous-ordre des *Rhynchophora* (*cf.* tome VI, p. 1, fig. 5).

hanches antérieures incomplètes. Métasternum plus court
que le prosternum.......................... * **Arima** (1).

26. Gen. **Agelastica** Redtenbacher, 1845.

Métam. : Ratzeburg, Forstins., 2ᵉ éd. (1839), p. 244, tab. xx, fig. 6 ;
— (*cf.* Rupertsberger, Biol. Käf. Eur., p. 256) ; — Weise, Naturg., VI,
p. 579.

Le type du genre, *A. alni* Lin., est commun dans presque toute
l'Europe et dans le nord de l'Asie. Sa larve, allongée et d'un noir luisant, se trouve, en même temps que l'insecte parfait, sur les feuilles des
Alnus, dont elle ronge le parenchyme (2).

A. alni Linné, 1758. — Oblong, luisant, ordinairement d'un beau
bleu violet, rarement pourpré ou bronzé, glabre en dessus, noirâtre et à
peine pubescent en dessous. Pronotum très court, ponctué, pourvu à
ses quatre angles d'un pore sétigère, très apparent. Élytres élargis en
arrière, très densément et régulièrement ponctués. Ongles appendiculés.
— ♂. 5ᵉ segment ventral avec une entaille au milieu du bord postérieur. — Long. 6—7 mill.

27. Gen. **Malacosoma** Rosenhauer, 1856 (3).

L'espèce suivante, la seule qui soit française, est surtout méridionale ;
elle se trouve dans les endroits chauds et arides, sur les plantes herbacées, notamment diverses Liliacées et Amaryllidées.

M. lusitanicum Linné, 1767. — Subcylindrique, luisant. Pronotum, élytres et abdomen d'un roux orangé ; tête, écusson, sternum,
pattes et antennes noirs ou noirâtres ; articulations des tarses, 2ᵉ article
des antennes et dernier article des palpes maxillaires rougeâtres. Tête
lisse ; plaques frontales limitées, en arrière, par une ligne circonflexe.
Pronotum assez convexe, lisse. Élytres très finement ponctués, paraissant glabres, mais hérissés en arrière et le long des côtés de poils très

(1) Chapuis, Gen. Col., XI, p. 214 (1875). — L'unique espèce du genre,
A. marginata Fabr., de Provence et d'Italie, a quelque ressemblance avec les
Meloë. Elle est d'un noir bronzé, avec le prothorax et les élytres bordés de
roux.

(2) Elle a pour parasite l'*Hister helluo* Truqui.

(3) On attribue fréquemment ce genre à Chevrolat, qui ne l'a cependant pas
décrit.

courts, visibles de profil. — ♂. Antennes un peu épaissies, à art. 3-5 légèrement obconiques ; 5e segment ventral sillonné sur la ligne médiane, trilobé en arrière et embrassant extérieurement les deux derniers segments dorsaux de l'abdomen. — ♀. Antennes grêles ; 5e segment ventral tronqué en arrière. — Long. 6—8 1/2 mill.

28. Gen. **Phyllobrotica** Redtenbacher, 1845.

Syn. *Auchenia (pars)* auct.

Les *Phyllobrotica* sont peu nombreux et répartis entre l'Europe, l'Asie et l'Amérique du Nord. L'unique espèce française, *P. quadrimaculata* Lin., se trouve dans les terrains marécageux, sur une Labiée, le *Scutelleria galericulata* Lin.

P. quadrimaculata Linné, 1758. — Très luisant, glabre en dessus, d'un roux testacé, avec le sommet de la tête, le métasternum et l'abdomen noirs ; élytres ornés chacun de deux taches noires ou brunes, l'une (1) presque à la base, l'autre avant le sommet. — ♂. 1er article des tarses antérieurs notablement plus large que le suivant ; 5e segment ventral grand, marqué d'une large impression médiane, 4e segment avec une petite fovéole et des reliefs compliqués. — Long. 5—7 mill.

29. Gen. **Lyperus** Müller, 1764.

Syn. [*Luperus* Mül¹ 764]. — (*ad partem*) *Calomicrus* Steph., 1831.

Revision : Weise, ..rg., VI, p. 589 (1886). — Guillebeau (*traduction*) *in* Rev. d'Ent., X, p. 290 (1892).

Petits insectes délicats et fragiles, surtout répandus dans les contrées montagneuses. Ils apparaissent au printemps et se tiennent sur les buissons et divers arbres (*Salix, Ulmus,* Génistées, *Pinus,* etc.). On ne sait rien de leurs premiers états.

Les mâles, ordinairement plus grêles que les femelles, se reconnaissent à leur 5e segment ventral divisé en trois lobes, celui du milieu concave ou cupuliforme (2) ; certains d'entre eux se distinguent en outre par la grosseur de leurs yeux et la grande longueur de leurs antennes. Une de nos espèce , le *L. lyperus* Sulz. (*niger* Gœze), a le pronotum noir chez le mâle et roux chez la femelle.

(1) Rarement nulle (var. *munda* Weise).

(2) Une espèce de Syrie (*L. ensifer* Guilleb.) présente de remarquables protubérances ventrales.